뉴턴의 법칙에서
아이슈타인의 상대론까지

KB179163

뉴턴의 법칙에서 아인슈타인의 상대론까지

개정 1쇄 2022년 3월 22일

지은이 팡 리즈·추 야오콴
옮긴이 이정호·하배연
편 집 손동민
발행인 손영일
디자인 장윤진

펴낸곳 전파과학사
주 소 서울시 서대문구 증가로 18, 204호
등 록 1956. 7. 23. 등록 제10-89호
전 화 02-333-8877(8855)
팩 스 02-334-8092
이메일 chonpa2@hanmail.net
홈페이지 www.s-wave.co.kr
공식 블로그 http://blog.naver.com/siencia

ISBN 978-89-7044-716-2(03400)

뉴턴의 법칙에서
아인슈타인의 상대론까지

팡 리즈·추 야오콴 지음 | 이정호·하배연 옮김

전파과학사

머리말

점점 더 많은 역사적 사실들이 말해 주듯이, 오늘날 우리 인류가 자랑으로 삼고 있는 문명의 공로 중 대부분은 고전 역학을 발전시킨 갈릴레오와 뉴턴, 그리고 특수 및 일반 상대론을 설립한 아인슈타인 등으로 대표되는 몇몇 걸출한 물리학자들에게 돌아간다.

신기원을 이룩했던 이 과학자들을 상기해 보면, 비록 이들이 각기 다른 시대를 살았고, 또한 고전 역학으로부터 현대 물리학으로 발전하는 과정에서 많은 변화가 있었지만, 이들이 지닌 성격에는 우리 범인들과는 다른 공통점들이 있었다는 것을 발견하게 된다.

무엇보다도 먼저, 이들은 어떤 편견에 이끌려 다니거나 재래적인 사고 방식에 사로잡히지 않은, 진리에 대한 진지한 탐구자들이었다. 이들의 과학적 연구는 종종 오랜 세월 동안 전혀 의심 없이 받아들여진 가설들을 정면으로 부정하는 데서 시작되곤 했다. 이들의 연구는 심지어 오늘날의 시각에서 봐도 매우 기본적이고 추상적이라는 인상을 준다. 예를 들면, 이들은 "시간이란 무엇인가? 공간이란 무엇인가? 상대성이란 무엇인가? 절대성이란 무엇인가? 천체물의 운동을 지배하는 법칙은 무엇인가? 우주의 근원은 어디에 있는가? …" 등의 질문을 하는 데 망설이지 않았다. 이러한 문제들은 우리 대부분의 일상생활과는 너무 동떨어진 것들처럼 느껴지기 때문에 그저 선험적인 세계에나 속하는 것들처럼 보인다. 하지만 역사적 사실들이 잘 보여 주듯이, 이러한 현학적인 토론이 발전되어 다른 어느 것으로도 대체될 수 없는 학술적인 진전을 이루었던 것이다.

다음으로, 이들은 모두가 자연 과학의 연구에 맞는 독특한 방법론을 고수했다. 비록 이들의 관심이 추상적인 개념에 있었다고 하지만, 이들은 하찮은 억지 이론일지라도 대수롭게 넘기지 않았던 것이다. 오히려 항상 어떤 이론이 완전한 것인지 결함이 있는 것인지를 결정하기에 앞서, 먼저 그 이론을 물리 실험이나 천문학적 관측 결과에 비교해 봄으로써 그 안에 담긴 개념과 가설을 점검해 보았던 것이다.

마지막으로, 이들 대부분은 좁은 의미로서의 단순한 과학자에 머물지 않았으며, 이들의 영혼은 심원한 정서와 숭고한 야망으로 넘쳐 흘렀다. 예컨대, 아인슈타인의 삶은 이지와 과학과 민주주의에 바쳐진 진정한 헌신으로 점철된다. 한때 그는 이런 말을 했다.

"사는 것이 덧없고 자기 뜻대로 되지는 않겠지만, 그래도 사회를 위해 헌신하고 있을 때만 비로소 인생의 참 의미를 찾을 수가 있다." 폭정에 굴복하고 과학 정신을 겁내던 세태에 분개하여 한때 그는 이렇게 외쳤다. "묻건대, 브루노, 스피노자, 볼테르, 훔볼트 등 모두가 이렇게 생각하고 이처럼 행동했다면, 지금쯤 우리는 어떻게 되었겠소?"

이러한 이유만으로도 당시의 통치자들은 이들의 육신과 영혼을 그냥 두고 볼 수는 없었다. 갈릴레오는 종교적인 박해를 받았고, 아인슈타인은 독일 나치 일당의 억압을 받았다. 더욱이, 70년대에 반문맹(半文盲)의 '4인방'이라는 자들이 파쇼식으로 문화를 지배하려고 할 때, 아인슈타인의 상대론마저도 이 참담한 박해로부터 벗어날 수가 없었다니, 이 얼마나 우스꽝스러운 일인가! 비록 옛날이 악몽처럼 잊혀져 간다고 할지라도, 이처럼 회상해 보는 것은 물리학의 실제 발전 과정에 대한 올바른 이해에 도움이 될 뿐만 아니라, 이에 필요한 것이기도 하다. 그저 책상 앞에 앉아 과학의 세부 이론만을 파고든다고 해서, 과학을 과학답게 해 주는 과학혼 즉, 과학 정신을 이해할 수는 없기 때문이다. 우리는 어떤 식으로 과학을 이 땅에 심어, 뿌리를 내리게 하고, 꽃을 피게 하여, 열매를 맺도록 가꾸어 올 수 있었을까?

　　이 조그만 책에서 목표하는 바는 뉴턴의 법칙으로부터 아인슈타인의 상대론에 이르기까지의 주요 발전 과정을 독자들에게 소개하는 데 있다. 다룰 범위가 제한되어 있고 수학적인 방법을 가능한 한 피하려고 하다 보니, 가장 기본적인 착상과 개념 정도가 명쾌하게 설명이 되었다면 이에 만족하고자 하는데, 이도 저도 아닌 것은 아닌지 걱정이 된다. 이에, 이 책의 문제점과 개선 방법 등에 대한 독자들의 지적을 진심으로 기대한다.

　　이 책은 1978년 가을에 '핵심 물리학 시리즈'의 편집 위원회의 요청을 받고 구상을 시작했으며, 추 야오콴 씨와 함께 첫 원고를 썼다. 이탈리아에서 강의차 여행을 하던 중인 1979년 3월에는 시간을 내 처음부터 다시 쓸

기회를 얻게 되었다. 로마의 린체이(Lincei) 학술원에 머무는 동안 나는 가끔 유리창 밖으로 보이던, 갈릴레오의 『대화』라는 책의 표지에 인쇄된 것과 같은 그 학술원의 표상을 올려다보곤 했다. 가장 오래된 학술원답게 그 표상도 낡아 있긴 했지만, 갈릴레오에 관한 것을 쓸 때마다 그 표상으로 인해 갈릴레오에 대한 존경심이 우러나오는 것을 금할 길이 없었다. 원고를 마친 날이 1979년 3월 14일이라고 기억하고 있는데, 그날은 바로 아인슈타인의 100회 탄생기념일이기도 하다. 이 책의 중국어판은 1981년 4월에 과학출판사에 의해 출판되었고, 그 후 두 번 재판되었다. 이 영역판은 중국어판을 번역한 것인데, 끝부분은 약간 보충되었다. 독자들에게는 이 책을 하나의 유산으로 드린다. 그리고 영원한 존경과 찬사를 받아 마땅한 과학계의 거성인 갈릴레오, 뉴턴, 아인슈타인 등에게 이 책을 바친다.

허페이(合肥)에서 팡 리즈

옮긴이의 말

팡 리즈 씨가 우리에게 알려지기 시작한 것은 최근의 일이다. 흔히 '중국의 사하로프'로 소개되기 시작한 그가 일약 세계 매스컴의 주목을 받게 된 것은 지난해의 6·4 천안문 사태로 인해서다. 우리는 그를 '반(反)체제 물리학자'니 '반체제 민주인사'니 한다. '반체제'에서 반(反)은 그 체제가 정(正)일 때 가장 정확한 의미를 갖는다고 본다. 체제 자체가 반(反)민주적이고 반(反)인권적인 상태에서, 이를 바로(正)잡자고 주장하고 계몽하는 사람들에게 '반(反)체제' 운운하는 것은 기득권을 확보하고 있는 반(反)에 의한 부당한 논리이다.

중국의 정(正)체제 추구 인사이자 물리학자인 팡 리즈는 1936년에 베이징(北京)에서 태어나, 만 16세에 베이징대학 물리학과에 입학한다. 졸업 후 그는 중국과학원 물리연구소에서 일하던 중, 준우파(準右派)로 몰려 당적을 박탈당하고, 정신 개조의 명목으로 허베이(河北)성에서 노동을 강요당하기도 한다. 초년에 고체 물리와 레이저 물리학에 관심을 갖던 그가 천체물리학으로 관심을 돌린 시기는, 문화 혁명으로 인해 모든 연구 작업이

마비되어 그도 안후이성에 배치된 채 노동을 하던 70년대 초이다. 작업 도중에 그는 틈틈이 몇 권의 일반 상대론 책자들을 반복하여 숙독하면서, 이에 매료되어 무의식중에 천체물리학에 관심을 갖게 된다. 1972년 봄에 그는 안후이성 허페이에 있는 과학기술대학에서 천체물리학 그룹을 조직하여, 당시에 중국에서 사상적으로 금지되어 있던 우주학의 연구를 개시함으로써 많은 풍파를 일으킨다. 70년대 후반에 들어 그의 천체물리학 연구는 국경을 넘어 세계적으로 인정받기에 이른다. 세계 곳곳의 학술회의에 초대되어 주요 역할을 맡게 되며, 여러 대학과 연구소의 객원 교수와 객원 연구원으로 초빙된다. 1979년에는 그의 국제적인 인정에 힘입어 그의 당적이 회복된다. 1984년 팡 리즈는 과학기술대학의 부학장에 임명되고, 틈틈이 중국의 여러 대학에서 초빙 강연을 하게 되면서 점차 학생들의 정신적 지도자가 되었다. 그는 과학 정신과 민주주의 정신을 같은 맥락에서 바라본다. 민주화 없이는 현대화도 없으며, 현대화를 위해서는 과학 정신을 받아들여야 한다는 것이 그의 주장이다. 1986년 말에 그는 과학기술대학생들의 시위를 선동했다고 해서 부학장 자리에서 면직된다. 당직을 다시 빼앗기고 베이징 천문대의 연구원이 된다. 1989년 그는 천안문 사태로 미국 대사관에 피신해 있다가, 1990년 여름에 결국 영국으로 망명길에 올랐다. 어쩌면 그는 이제 그의 번뜩이는 두뇌와 뜨거운 가슴이 더욱 훨훨 타오를 수 있는 곳을 찾아가고 있는지도 모른다.

이 책은 팡 리즈와 추 야오콴에 의해 원래 중국어로 쓰였다가 후에 일부 보충되어 『From Newton's Laws to Einstein's Theory of Relativiity』라

는 제목으로 영문 번역된 것을 우리말로 옮긴 것이다. 옮기는 과정에서 어떤 용어들은 순우리말 식으로 표현해 보려고 했으며, 옮기기 어려운 것들은 영문을 그대로 남겨 두었다. 여기에 대해 독자의 충고와 이해를 바란다.

물리학에 많은 관심을 가지고 있으면서도 넘어서야 할 벽이 너무 높다고 생각하여 망설이는 사람들에게 이 책이 그 벽을 조금이라도 낮추는 데 도움이 되었으면 좋겠다. 읽는 과정에서 심지어 물리학도들에게도 다소 생소하게 보이는 것들이 있겠지만, 인내하며 읽다 보면 읽는 이 자신이 어느새 물리학의 깊은 곳까지 와 있음을 느낄 수 있을 것이다.

원고 교정에 애를 써준 신내호 씨에게 고마움을 전한다.

화랑대에서 이정호

목차

제10장 | 중력파의 확인 _163

ㅇ

제11장 | 뉴턴의 우주에서 팽창 우주까지 _177

ㅇ

제12장 | 아인슈타인 이후 _197

제1장

아리스토텔레스에서 뉴턴까지

시간과 공간 개념

몇몇 물리 개념들은 상당히 평이해 보이는데, 실제로 그렇게 단순하지만은 않다.

예를 들면, "나는 오늘 아침 8시에 집에서 독서를 시작했다."라는 문장을 우리는 평상시 대화에서 자주 듣는다. 그러나 이러한 평범한 문장에도 두 개의 기본 개념이 포함되어 있다. '오늘 아침 8시'는 시간을 나타내고, '집에서'는 장소 혹은 공간에서의 위치를 뜻한다. 시간과 공간은 가장 평이하고 자주 이용되는 개념들이다. 그러나 시간이란 무엇인가? 그리고 공간이란 무엇인가? 이 질문에 대해 적절한 답을 하기란 그리 쉬운 일이 아님을 우리는 알고 있다. 사실 앞에서 언급한 두 가지 질문에 대해 어떠한 대답도 쉽게 내릴 수는 없다. 사람들이 이러저러한 방법으로 시간과 공간을 정의해 보았지만 그 어느 것도 충분히 만족스러운 정의로 입증되지는 않았다.

물리 문제를 다룰 때, 올바른 접근은 종종 문제에 적절한 개념들을 정확하게 공식화하는 데서 시작되기보다는, 언급된 개념들 간의 진정한 관계에 대한 분석에서 시작되곤 한다. 따라서 시간과 공간의 기본 개념에 관한 한 가장 중요한 것은, 이들 개념에 대해 완벽한 정의를 내리는 것이 아니라, 시간과 공간 그리고 물질의 운동 사이의 고유 관계를 제시하는 것이다.

실례로서 앞의 문장을 다시 고찰해 보자. 우리가 '아침 8시'를 말할 때, 우리는 자기가 차고 있는 손목시계 혹은 집에 있는 시계를 기준으로 말한다. 좀 더 정확히 말하자면, 우리는 베이징의 표준시를 기준으로 사용하고 있다. 시간을 이렇게 기술하는 것은 분명히 상대적일 뿐이다. 우리가 만약 도쿄(東京)의 표준시를 사용한다면, 8시 대신에 9시가 될 것이다. 이것은 시간을 기술하는 데 있어서의 일종의 상대성으로서, 시간의 한 속성이기도 하다.

이제 만약 다른 사람이, "이보게! 나 역시 오늘 아침 8시에 독서를 시작했네."라고 말한다면, 우리는 곧, 이 두 사람이 같은 시간 즉, 베이징 시간으로 8시에 독서를 시작했다는 결론에 이를 것이다. 이러한 경우에 우리는 상식적으로 이 두 사건의 '동시성'은 상대적이 아니라 절대적이라고 믿게 된다. 즉 두 사건이 어떤 시계로 측정했을 때 동시에 일어났다면, 다른 시계로 측정해도 마찬가지이다. 그러나 이러한 습관적인 판단이 항상 옳은 것은 아니다. 베이징 혹은 도쿄의 표준시로는 이 두 사람이 독서를 동시에 시작했다고 말할 수 있을지라도, 빠른 속도로 달리는 우주선 내의 관측자가 자기 시계로 측정해 보면 이들의 독서 시작 시간은 실제로 '같은 시간'이 아닐 수도 있다. 동시성은 절대적인 것이 아니라 상대적인 것이다. 어떤 관측자에게는 동시에 일어나는 일도 다른 관측자에게는 그렇지 않을 수가 있다. 습관적인 개념에 '상반되는' 이러한 주장이 곧, 시공간에 대한 아인슈타인의 개념과 갈릴레오 및 뉴턴의 개념 사이의 본질적인 차이를 이룬다.

시간과 공간에 대해서 우리가 이해하고 있는 것은 이들의 물리적 성질에 관한 것이다. 과학사에 있어서 대변혁이 종종 새로운 시공간 개념을 탄생시켰지만, 어떤 의미에서는 그 역도 또한 성립한다. 즉 시공 개념에 있어서의 변화는 과학의 대혁명을 특징 짓는 가장 중요한 것 중의 하나이다. 따라서 우리가 아리스토텔레스에서 뉴턴을 거쳐 아인슈타인에 이르는 지식의 발달 단계의 참뜻을 이해하려고 한다면, 무엇보다도 먼저 시간과 공간에 관한 이 각각의 개념을 이해하지 않으면 안 된다.

아리스토텔레스의 우주 중심

아리스토텔레스의 시공 개념은 그의 시대로부터 중세에 이르기까지 유럽인들에게는 지배적이었다. 그는 이론에서 지구가 우주의 중심이라고 주장한다. 전체 우주는 크기가 다른 7개의 속이 빈 구(球)로 이루어져 있는데, 지구가 이들의 공통 중심이다. 달, 태양, 그리고 여러 행성 및 별 등은 잇달아 각기 다른 구각(球殼)에 점점이 박혀 있고, 이들은 모두 완전한 원운동을 한다. 오늘날 이와 같은 우주 모형을 받아들이는 사람은 거의 없을 것이다. 물론, 현시대가 자랑하는 과학 지식을 가지고 우리가 아리스토텔레스를 반박한다는 것은 쉬운 일일지도 모른다. 그러나 오늘의 관점만으로 어제를 보아서는 안 된다. 2천여 년 전에 이미 아리스토텔레스는 지구가 공과 같이 생겼다고 주장하면서 우주에 관한 통합된 설명을 과감히 시도해 보았다고 상상해 보라! 지구는 마치 바다에 떠 있는 커다란 거북등 위의 평평한 물체와 같다고 여기던 고대의 관념에 비추어 보면, 이것만으로도 인간 지식의 발전에 있어서 진일보라는 것을 우리는 인정해야 한다. 그러면 지구가 둥글다는 것을 어떻게 받아들일 수 있었을까? 그 시대의 '전통적'인 개념에 따르면, 만약 지구가 둥글게 생겨서 우리와 정반대의 지역에 살고 있는 사람들이 있었다면, 그들은 이미 오래전에 끝없는 공간으로 떨어져 버렸을 것이 분명했다. 이러한 이유에서 볼 때, 지구가 둥글다는 개념이 마

그림 1-1 | 아리스토텔레스 이전에 생각한 지구의 모습

침내 제자리를 잡게 될 때까지 당시에 극복해야만 했던 편견과 심적인 거부감이 어느 정도였을지는 가히 짐작이 가지 않는다. 시간 및 공간의 개념에 관한 한, 아리스토텔레스는 '위'와 '아래'를 상대적인 것으로 간주했다. 우리가 지구 반대편에 있는 사람들을 우리 '밑에' 있다고 생각할 때, 그들역시 우리가 자기들 밑에 있다는 환상에서 비롯된 우월감에 젖어 있었을 것이다. 이러한 주관적인 생각은 단지 공간의 등방성을 지적할 따름이다. 즉 모든 가능한 방향 중에 그 어느 것도 나머지 것보다 더 위쪽의 방향성을 갖지 않는다. 공간에서의 상대성으로 이해한 이러한 개념은 시간 및 공간의 과학적인 이해를 위해 인류가 내디딘 중요한 한 걸음이었다.

아리스토텔레스의 이론에서는 공간에서 물체의 위치가 매우 중요하다. 공간에서의 위치는 절대적이며, 지구의 중심이 곧 우주의 중심이라고 믿는다. 모든 물체는 각기 자연이 할당한 고유의 위치(자연적 위치)를 가지고 있으며; 장애물이 없으면 물체는 그 위치에 도달하려 할 것이다. 물체가 운동을 하고 있는 이유는 그것이 아직 자연적 위치에 도달하지 않았기 때문이다. 아리스토텔레스는 우주 공간을 두 부분으로 나누었는데, 그것은 '달위(달보다 더 멀리 떨어진)' 부분과 '달 아래(달보다 더 가까이에 있는)' 부분이다. 태양, 달, 그리고 별과 같은 천체물의 자연적 위치는 천구(天球)의 각기 다른 층에 고정되어 있고, 천구가 원운동을 함에 따라 이들도 함께 원운동을 하게 된다. 지표면 근처에서의 모든 물체의 자연적 위치는 지구 중심이고, 이것은 물체가 지면을 향해 떨어지려는 경향을 설명해 준다. 아리스토텔레스의 시공간 개념에 의하면, 어떤 위치(예를 들면, 지구의 중심)는 독특한 특성을 가지고 있다. 물체의 운동을 지배하는 모든 자연법칙의 영역에서는, 공간 내의 그러한 특정 위치가 결정적인 역할을 한다고 믿는다. 공간의 이러한 특성을 우리는 공간에서의 위치의 절대성이라고 적절히 부를 수 있다. 현대 용어로는, 아리스토텔레스 공간이 모든 방향으로 동등하긴 하지만 균일하지는 않다고 말하는데, 그 이유는 공간에서 각각의 위치는 각기 다른 역할을 하기 때문이다.

뉴턴의 시공간 개념에서의 상대성과 절대성

아리스토텔레스의 시공간 개념은 고대 그리스 사람들이 축적해 놓은 자연에 대한 지식을 토대로 발전되었으며, 실제로 그것은 그 당시 사람들의 자연에 대한 지식과 일치했다. 과학이 발전함에 따라 새로운 지식이 낡은 것들을 대치하게 되었고, 이에 따라 시공간에 관한 낡은 개념도 새로운 것으로 발전되었다.

코페르니쿠스, 갈릴레오, 그리고 뉴턴 등이 창시한 새로운 과학은 아리스토텔레스의 이론에서 그의 시공 개념의 특징인 공간 위치의 절대성을 부인했다. 코페르니쿠스는 전체 우주의 중심으로서의 지구의 절대적 중요성을 반박했다. 갈릴레오는 상대성 원리(4장에서 논의됨)를 주장했다. 뉴턴은 심지어 '달 위' 하늘과 '달 아래' 하늘이라는 구분을 거부했는데, 사과가 떨어지는 것과 달이 지구를 중심으로 원운동하는 것은 모두 같은 원인—그들의 '자연적 위치'로 돌아가려는 성질이 아닌 다른 원인—에 의해서 일어난다고 생각했기 때문이다. 따라서 뉴턴의 방정식에는, 어떤 위치도 우주의 중심이 되는 특권을 갖지 않는다. 즉 모든 시공점(space-time point)들은 동등하다. 물리 법칙들은 어느 시공점에서 고찰해도 동일하게 남는다. 이것이 시공간에 대한 새로운 개념에 있어서 상대성이다.

그러나 성공이란 단숨에 이루어지는 것은 아닌 것 같다. 비록 뉴턴이 아리스토텔레스보다는 더 멀리 보고 있었다고 할지라도, 그의 역학은 여전히 공간이 절대적으로 정지해 있다는 개념과 시간이 절대적으로 불변한다는 개념에 기초를 두고 있다. 그의 『자연 과학의 수학적 원리』에서 뉴턴은 다음과 같이 쓰고 있다. '절대적 공간은 그 특성에 관한 한 외적 상황과 아무런 상관이 없으며, 항상 규칙성과 동일성을 유지한다.', '절대적이고 순수한 그리고 수학적인 시간은 그 자체와 그 특성에 관한 한 어떤 외적 상황에도 영향을 받지 않고 균일하게 흐른다.' 요컨대, 뉴턴의 시공간 개념에서 시간과 공간 그리고 외적 상황은 서로 독립적이다. 왜냐하면, 공간의 연장성과 시간의 흐름은 절대적이기 때문이다. 이러한 의미에서 우리는 뉴턴의 이론이 아리스토텔레스의 절대성을 그대로 간직하고 있다고 말할 수 있다.

'공간'을 물체의 역학적 운동 무대로 보거나 물체의 활동 배경으로 보는 것은 직관에 의해서도 아주 자연스럽게 얻어 낼 수 있는 결론이다. 우리는 일상생활에서 여행용 가방에 들어갈 수 있는 물건의 양이 정해져 있다는 사실에 대해 결코 의아해하지 않는다. 여행용 가방의 이러한 특성을 우리는 이 가방의 크기라고 부를 수 있다. 크기를 측정하는 데 있어서는 그 안에 들어 있는 물체가 무엇인가와는 전혀 상관이 없다(그것은 가방이 비어 있을 때와 같은 크기를 갖는다). 일반적으로, 가방에는 26×20×10과 같이 그 크기가 항상 표기되어 있다. 가방의 크기를 이처럼 표시할 수 있는 이유는 그 체적의 측정이 '외적 상황'에 의해 아무런 영향을 받지 않기 때문이다. 이제 여행 가방을 무한히 팽창시킨다면, 그 안에 들어 있는 특정 물질과 무관한, 뉴턴의 전형적인 절대 공간을 얻게 된다.

아이작 뉴턴은 경험주의자였다. 그는 어떠한 선험적인 개념도 그대로 받아들이는 것을 용납하지 않았다. 그에게 있어서 물리적 실체는 반드시 감각적으로 파악할 수 있는 것들이어야만 한다. 하지만 어떻게 우리의 감각이 그가 '절대적'이라고 정의한 공간을 파악할 수 있겠는가? 여기에 대해 아이작 뉴턴은, 어떤 운동이 절대 공간에 대하여 절대적인가를 결정해 주는 이상적인 실험인, 회전하는 '양동이' 실험을 고안해 냈다. 물이 든 양동이를 회전시키면, 처음에는 양동이가 회전해도 그 안의 물은 움직이지 않고 그대로 있다. 이때 비록 물은 양동이의 안쪽 벽에 대해 상대적인 운동을 하지만, 물표면은 양동이가 정지해 있을 때와 마찬가지로 **평평한 상태**로 남아 있다. 점차 물도 양동이를 따라 회전 운동을 하게 되는데, 이때는 비록 물과 양동이 벽 사이의 상대 운동은 없지만 물 표면은 오목해진다. 즉 가장자리의 수면이 중심 수면보다 높아진다. 따라서 비록 물과 양동이 사이의 상대 운동은 없을지라도, 우리는 양동이라는 하나의 기준틀이 절대 공간에 대해 회전 운동을 하는지 아니면 정지해 있는지를 결정할 수 있다. 즉 물 표면이 평평한 채로 있으면 양동이는 절대 운동을 하지 않고 있는 것이고, 표면이 오목해지면 그것은 절대 운동을 하고 있는 것이다. 이것이 바로 절대 공간의 감각적 파악에 대해 뉴턴이 우리에게 제공해 준 기준이다.

뉴턴의 이론이 비록 실제 현상과는 다를지도 모르지만, 여기까지는 아직 아무런 오류가 없는 듯하다.

마하의 비판

뉴턴의 절대 공간 개념이 제시되면서부터 많은 과학자와 철학자들 사이에는 이 개념의 정당성에 관한 고찰과 논란이 일어났다.

만약 다른 모든 공간과 구분되는 그러한 절대 공간이 정말로 존재한다면, 이 특별한 공간에 대한 모든 물체의 운동을 우리는 측정할 수 있어야 한다. 즉 절대 운동을 하고 있는 모든 물체는 명확히 측정 가능한 절대 속도를 가져야 한다. 한편, 물리 법칙들 가운데 그 어느 것도 이러한 절대 속도를 포함하고 있지 않다면, 절대 속도의 측정은 불가능할 것이다. 절대 속도를 측정할 수 없다면 그 절대성도 경험할 수 없게 된다. 절대 속도가 포함되어 있는 그러한 물리 법칙에서는 절대 속도에 평행한 방향과 수직되는 방향이 서로 달리 취급될 것이다. 바꿔 말하면, 공간은 방향에 따라 다른 특성을 가질 것이다. 즉 공간은 비등방성이다. 이러한 개념만으로도 이론상의 혼란이 야기될 뿐만 아니라, 실험에 의해서도 공간의 비등방성과 같은 것은 전혀 관찰된 적이 없었다.

라이프니츠, 버클리, 그리고 마하 등은 모두 절대 시공간의 개념에 대해 비판을 가했다. 주로 철학적 논의에 기초를 둔 이들의 분석적인 비판은 시공간 개념의 발전에 새로운 길을 열었다. 철학적 고찰이 과학의 발전에 큰 기여를 할 수 있다는 사실은 마하와 몇몇 사람들의 연구에서 가장 전형적으로 예시되고 있다. 많은 유명한 물리학자들은 철학적 고찰에 의해 지식을 축적하는데, 이러한 사실은 시공간 개념 발견의 역사에서 가장 명백하게 나타난다.

마하는 그의 저서 『역학』(Die Mechanik)에서 다음과 같이 쓰고 있다.

"어떤 물체 K는 단지 다른 물체 K′에 의해 작용을 받은 후에만 그 속도와 방향이 바뀔 수 있다고 할 때, 우리가 물체 K의 운동을 결정하는 데 필요한 수단으로서의 물체 A, B, C … 등이 없는 상태에서는 K′의 K에 대한 영향을 전혀 알아낼 수가 없다. 따라서, 실제로 우리가 알고 있는 것은 그 물체와 A, B, C … 등과의 관계뿐이다. 이제 우리가 돌연히 A, B, C … 등을 무시한 채 절대 공간에서의 물체 K의 행동에 관해 논의하려 한다면, 우리

---

* 영역판의 제목: 『The Science of Mechanics, A Critical and Historical Account of its Development』(Open Corut, La Salle, Ⅰ 11., 1960)

는 이중의 오류에 빠지게 된다. 첫째로, A, B, C … 등이 없이는 K가 어떻게 행동하는지를 알 수 없을 것이고, 둘째로, 물체 K의 행동을 결정할 아무런 수단이 없어서, 우리의 논의에서 무엇을 주장해도 이를 입증할 방법이 없음을 알게 될 것이다. 그러한 종류의 주장은 어떤 것이라도 자연 과학으로서의 중요성을 모두 잃고 말 것이다."

이러한 방식으로 마하는 물체 A, B, C … 등이 없이 소위 절대 공간에 관한 운동을 기술한다는 것은 불가능하다고 주장했다. 절대 공간에는 과학적 중요성이 없다.

이러한 관점에 따라 마하는, 뉴턴 양동이의 물 표면이 오목해지는 것은 절대 공간에 대해서 양동이가 회전하고 있음을 나타내는 것이 아니라, 지구와 다른 천체물들에 대해서 양동이가 회전하고 있음을 뜻한다고 했다. 오목해지는 것은 양동이의 절대적 회전 때문이 아니라, 양동이에 영향을 미치는 우주의 여러 물체들의 존재 때문이다. 양동이가 우주의 다른 물체들에 대해 회전을 하거나 다른 물체들이 양동이에 대해 회전을 하거나 간에 결과는 똑같을 것이다. 즉 물 표면은 오목해질 것이다. 따라서 물 표면이 오목해지는 현상은 단지 양동이가 우주의 다른 물체들(A, B, C …)에 대해 상대 운동을 하고 있음을 보여 줄 뿐이다. 이것이 절대 공간의 존재를 뜻하지는 않는다. 양동이 실험에 관한 마하의 분석으로부터 알 수 있는 것은, 그가 등속 운동을 상대적인 것으로 다루고 있을 뿐만 아니라(왜냐하면, 절대 공간에 대한 절대 속도는 존재하지 않으므로), 가속 운동도 역시 상대적인 것으로 다루고 있다는 것이다(왜냐하면, 절대 공간에 대한 절대 가속도가 없기 때문에). 이 두 번째 착상은 아인슈타인이 일반 상대론을 구상해 나가는 데 커다란 영향을 미쳤다.

마하에 관해 논평하면서 '아인슈타인은, "마하의 역사적인 비판은 우리 세대의 과학자들에게 막대한 영향을 미쳤다."라고 했다. 관성과 관성력이 우주의 물체들 사이의 상호 작용으로부터 생겨난다는 마하의 착상에 대해 아인슈타인을 비롯한 몇몇 사람들은 '마하의 원리'라는 용어를 지어냈다. 비록 마하는 그의 말년까지도 자신을 상대론의 선구자로 생각하지는 않았지만, 뉴턴의 시공간 개념에 대한 예리한 비판을 고려해 보면, 그의 번득이는 착상이 시공간의 상대적 개념을 탄생시키는 데 실로 도움을 주었다는 것을 우리는 객관성 있게 말할 수 있다.

아리스토텔레스의 공간 방향의 상대성으로부터 뉴턴의 시간과 위치의 상대성을 거쳐 마하의 절대 시공간에 대한 비판에 이르면서, 잇달은 세대들은 점차로 시공간의 본성과 관계된 편견과 그때까지 진리로 받아들였던 선험적 절대성의 오류로부터 벗어날 수 있었다. 아인슈타인의 업적은 역사의 이러한 일반적인 흐름의 한 눈부신 연속이었다. 아인슈타인의 시공간의 상대성 개념에서는, 우리가 상식적으로는 옳다고 보지만 실제로 그릇된 생각들이 더욱더 단호하게 배제되어 있다. 시공간 개념의 거듭되는 발전에서 우리가 깨우칠 수 있는 사실은, 우리가 모두 매우 제한된 시공간 영역에서 살고 있기 때문에 심지어 우리가 살고 있는 시공간마저도 제대로 이해하지 못하고 있다는 것이다. 이것이 바로 시공간에 관한 물리학 연구가 우리에게 줄 수 있는 첫 번째 유익한 교훈이다.

다음 몇몇 장에서는 뉴턴의 고전 역학이 아인슈타인의 상대론으로 바꾸어 가는 역사적 과정에 대해 자세히 논하고자 한다. 이를 읽는 동안 가끔 앞의 교훈을 상기해야 한다. 즉 과학을 믿되 유아 시절부터 품어 온 생각들은 버려야 한다.

제2장

시간과 공간 및 운동

시간의 측정

이 장은 주로 몇 가지 예비지식을 제공하기 위한 것으로서, 가장 간단한 것에서부터 시작하고자 한다.

물리학은 실험 과학으로서, 물리 법칙은 실험의 결과, 특히 정량 실험의 결과들을 요약하고 있다. 따라서, 시간과 공간의 물리적 문제를 연구할 때 우리는 먼저 시간과 공간이 어떻게 측정되는지를 이해해야만 한다.

우리가 시간의 측정에 관해서 이야기할 때는 자연히 탁상시계나 손목시계를 연상하게 되는데, 이것들만이 시간을 측정할 수 있는 유일한 도구는 아니다.

1583년경, 터스커니(Tuscany) 출신의 한 젊은이는 우연히 피사에 있는 한 웅장한 교회 홀의 천장에 매달려 흔들리고 있던 샹들리에의 운동에 관심을 갖게 되었다. 그는 샹들리에의 운동을 지배하는 법칙을 연구하기로 마음먹었는데, 그 당시에는 스톱워치는 말할 것도 없고 시계마저 아직 사용되지 않았다. 샹들리에는 다소 빠르게 흔들리는데, 어떻게 이 빠른 진동의 주기를 측정할 수 있을까? 그 젊은 실험주의자는 한 가지 방법을 고안해 냈다. 손가락으로 다른 팔 손목의 맥을 짚은 채로 샹들리에의 운동을 주시하면서 맥박수를 세었던 것이다. 여기서 그는, 비록 진폭이 변할지라도 샹들리에가 앞뒤로 진동을 한 번 하는 동안에 측정되는 맥박수는 같다는 법칙을 발견해냈다. 바꿔 말하면, 추의 진동 주기는 진폭과 상관이 없다는 것이다. 이 유명한 관찰을 우리는 과학적 물리학의 첫 번째 실험이라고 할 수 있겠다. 물리학의 기초를 마련한 이 총명한 실험주의자가 바로 갈릴레오다.

갈릴레오의 방법은 시간 측정에서 중요한 것이 무엇인가를 우리에게 말해 준다. 원칙적으로 어떠한 주기적인 과정도 시간 측정 기구로, 다시 말해 시계라고 볼 수가 있다. 자연에는 그러한 주기적인 과정이 많이 있는데, 그중 몇 가지는 벌써 오래전에 우리 조상들이 시간 측정의 기준으로서 사용해 왔다. 예를 들면, 태양이 뜨고 지는 것은 하루를 결정해 주고, 사계절의 주기 운동은 일 년을 가리키며, 달이 차고 기우는 것은 한 달을 표시한다. 이들은 모두 잘 알려진 것들이다. 이 외에도 쌍별(double star)의 회전 운동, 사람의 맥박, 샹들리에의 진동, 분자의 진동 등과 같은 모든 주기적 과정들도 시간 측정의 기준으로 사용될 수 있다. 요컨대, 세상에 있는 수천 수만 가지 형태의 주기 운동이 '시계'로 사용될 수 있다는 것이다. 물론 어떤 시계를 가리켜 좋은 시계 혹은 나쁜 시계라고 말할 수도 있다. 두 사람의 맥박을 비교해 보면 분명한 차이를 발견할 수 있을 것이다. 따라서 맥박은 좋은 시계로 사용될 수 없다. 즉 안정된 시계가 아니다. 두 개의 단진자의 주기를 비교해 보면 이들은 좀 더 안정되어 있음을 알 수 있을 것이다. 펄서(pulsar) 별의 진동 주기는 훨씬 더 안정되어 있다. 1967년 이전에는 지구의 회전이 가장 좋은 시간 측정 기준으로 여겨졌다. 1967년 이후에는 좀 더 안정된 '시계'가 기준으로 채택되었다. 즉 133Cs의 바닥 상태에 있는 초미세 구조들 사이의 극초단파 복사 주기 T가 시간의 단위로 채택되어 왔는데, T와 초 사이의 관계는 1초 = 9,192,631,700 T 이다.

그림 2-1 | 흔들리는 샹들리에의 주기를 측정하고 있는 갈릴레오

길이의 측정

기본적인 길이 측정 기구는 자이다. 두 점을 연결하는 직선의 길이를 측정할 때는 한 점에서 다른 점까지 1피트(1feet = 30.48㎝)씩 측정해 나가면 된다. 당나라의 천문학자 장쉬와 그의 공동 연구자들은 허난(河南)성에 있는 카이펑(開封), 화셴(滑縣), 그리고 상차이(上蔡) 사이의 거리를 길게 늘어진 줄을 사용하여 구간별로 측정했는데, 자오선을 따라 1도의 길이를 측정하는 것이 그들의 목적이었다. 역사상, 이것이 아마도 자를 사용한 원시적인 방법에 엄격히 준한 최초의 대규모 측정일 것이다.

자에도 여러 종류가 있다. 명확한 길이를 가진 어떠한 것이라도 자로 사용될 수가 있다. 인간 몸의 어떤 부위도 길이의 단위로 사용될 수 있다. 영어의 푸트(foot)라는 단어는 길이의 단위인데, 그것은 한때 발이 길이 측정의 단위로 사용되었기 때문이다. 시간을 측정할 때와 마찬가지로 길이를 측정할 때도 표준 척도로서 좋은 자를 선택해야만 한다. 아무 물질로 만들어진 자는 다소 외부의 영향을 받기 때문에 표준 조건을 만족할 수 없다. 이러한 이유 때문에, 얼마 전까지 국제 표준으로 인정되어 왔던 파리에 있는 미터 원기(model bar of metre)는 이제 더 이상 사용되지 않는다. 대체품으로, 원자에서 빛이 방출되는 과정이 최근 들어서 사용되어 왔는데, 86Kr이 2P10 준위에서 5d5 준위로 천이할 때 방출되는 빛의 파장 λ가 표준 단위로 사용된다[*]. 미터와 λ 사이의 관계는 1m= 1,650,763.73 λ 이다.

---

[*] 더욱 최근에는 빛의 속력이 표준으로 채택되어 길이의 표준 단위를 대신하고 있다.

태양계의 문제를 논의할 때 우리는 지구와 태양 사이의 평균 거리를 단위로 택할 수 있는데, 이 '자'의 길이를 1천문단위 (A.U.)라고 부른다. 별들 사이의 거리를 잴 때 광년이 단위로 종종 사용된다. 1광년은 빛이 1년 동안 간 거리로서, 대략 9.5×10^{15}m이다. 예를 들면, 우리에게 가장 가까운 별은 지구로부터 4광년가량 떨어져 있다. 이 숫자는 그 거리가 엄청나게 멀다는 사실뿐만 아니라, 오늘날 우리가 지구에서 보는 별은 4년 전에 있었던 별이라는 것을 말해 준다. 왜냐하면, 4년 전에 그 별에서 방출된 빛이 바로 이제야 지구에 도착하기 때문이다. 즉 우리가 별들이 반짝이는 하늘을 주시할 때, 우리의 시선이 더 먼 곳에 이를수록 우리는 더 먼 옛날을 보게 된다. 이러한 사실은 이미 우리에게 시간과 공간이 종종 서로 관련되어 있다는 암시를 주고 있다.

사건과 세계선

시간과 공간의 측정 방법에 관해서 정의했으므로, 이제는 물체의 운동에 관해 공부를 시작할 수 있겠다.

거시적인 물체에 관한 한, 운동이란 시공점들로 표시된 사건의 연속이다. 기차 시간표에는 기차가 잇달아 도착할 역들의 이름이 명시되어 있다. 기차역 이름과 기차가 그 역에 도착할 시간은 하나의 사건을 형성한다.

기차의 운동은 이러한 사건들로 구성된다. 일반적으로 말해서, 시간과 공간이 합쳐져서 사건을 형성한다. 거시적인 물체의 운동은 사건의 연속으로 묘사할 수 있는데, 사건의 연속은 이러한 운동을 구성하는 중요한 구성

역이름	쿤밍으로부터 거리(km)	쿤밍 － 상하이 간 특급
류저우(柳州)	1,246	08 20.04
이샹(宜山)	1,157	26 18.16
진청강(錦城江)	1,085	17.00 16.45
난단(南丹)	984	17 14.12

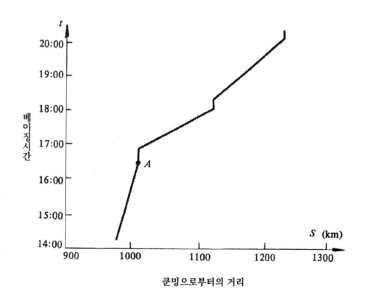

그림 2-2 | 시공 도표에서 세계선에 의해 표시된 물체의 운동

요소이다.

우리는 도표를 이용해서 기차의 운동을 기술할 수도 있다. 〈그림 2-2〉의 도표에서 수평 좌표는 기차가 쿤밍(昆明)으로부터 얼마나 떨어져 있는지를 나타내고, 수직축은 베이징 표준 시간을 뜻한다. 그래서 이 도표는 시공 도표라고 부른다. 어떤 사건 즉, 어떤 시간과 관계된 어떤 장소는 도표상의 한 점으로 나타난다(그림 2-2). 예를 들면, 점 A는 기차가 16시 45분에 진청강 역에 있는 사건이다. 도표에서 기차의 운동은 선으로 표시된다. 시간 축에 평행한 직선은 기차가 역에 멈추고 있는 사건을 나타내기 위해 사용되었고, 이는 기차가 역에 머무는 동안에는 시간이 흘러도 기차의 수평 좌표(기차의 위치)가 변하지 않기 때문이다. 시공 도표에 있는 선을 우리는 세계선(world-line)이라고 부른다. 모든 운동은 그에 해당되는 도표상의 세계선을 가지고 있다.

운동의 상대성

앞에서 언급한 시간표에서, 거리는 쿤밍을 출발점으로 하여 측정된 것이고, 시간은 베이징 표준 시간이다. 만약에 '구이양(貴陽)으로부터' 측정된 거리가 채택되거나 혹은 다른 표준 시간이 대신 사용된다면, 시간표에 있는 숫자들이 완전히 바뀔 것이다. 즉 시간과 공간을 표시하는 데 있어서 다른 방법이 사용된다면 사건의 데이터도 달라지게 된다. 이러한 특성을 지닌 상대성은 앞 장에서 이미 언급했다.

사건의 묘사가 상대적인 한 운동의 방식도 절대적이 아니다. 즉 다른 관측자에게는, 같은 운동도 전혀 다른 모습으로 보일 수가 있다.

비는 오지만 바람은 불지 않는 날에 두 관측자 K와 K′이 떨어지는 빗방울의 자취에 관해 연구하고 있다고 가정하자(그림 2-3). K는 정지 상태에 있다. 그가 보기에는 빗방울이 수직으로 떨어진다. 이 때문에 그는 우산을 반듯하게 들고 있다. K′은 빠른 걸음으로 걷고 있다. 그의 눈에는 빗방울이 자신을 향해 비스듬히 떨어지는 것으로 보인다. 그는 비에 젖지 않으려고 줄곧 우산을 앞으로 비스듬히 들게 된다. 이런 이유로, 누군가 여러분에게 빗방울이 떨어지는 방향을 기술하라고 한다면, 먼저 어떤 관측자에 대해서 그 질문이 언급되었는지를 밝혀야 한다. 특정 관측자를 언급하지 않고는 그 질문 자체는 별 의미가 없다.

그림 2-3 | 운동 방식의 상대성

흔히 우리는 어떤 관측자 즉, 시간과 공간의 명확한 측정 방식을 기준계(frame of reference)라고 부른다. 위의 분석의 결론은, 기준계 K에 관해 빗방울은 수직으로 떨어지고 있고, 기준계 K′에 관해서는 빗방울이 비스듬히 떨어지고 있다. 이것이 운동 방식의 상대성이다.

속도의 합성

속도는 물리적인 양으로서, 물체의 이동률과 이동 방향을 모두 나타낸다. 속도 역시 상대적이다. 같은 물체의 속도도 기준계 즉, 관측자가 달라지면 다를 수 있다. 따라서, 어떤 기준계를 미리 정해 놓고 오직 그 좌표계 내에서의 물체의 속력과 운동 방향을 논해야지, 그렇지 않으면 아무 의미가 없다.

다시 K와 K′으로 돌아가 보자. K′이 걸음을 더 빨리한다면, 그에게는 빗방울이 떨어지는 것이 더욱 기울어져 보일 뿐만 아니라(방향이 바뀌어서) 속도도 증가한 것처럼 보인다. 지붕이 열린 자동차를 운전하는 사람이면 누구라도 관측자 K′과 같은 경험을 할 수 있을 것이다.

이번에는 물방울의 속도와 관측자의 속도 사이의 관계에 관해 정량적으로 설명해 보자. 다음 그림(그림 2-4)에서 아래 방향으로 수직인 화살표 v는 K가 관측한 빗방울의 속도를 나타낸다(화살표의 방향과 길이는 각각 속도의 방향과 크기를 나타낸다).

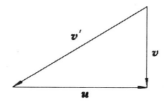

그림 2-4 | 속도의 합성

수평 화살표 u는 K에 대한 관측자 K′의 속도를, 그리고 화살표 v′은 K′에 대한 빗방울의 속도를 나타낸다. u와 v, 그리고 v′은 하나의 삼각형을 형성하게 된다. 따라서 K에 대한 K′의 속도가 증가할수록 K′에 대한 빗방울의 속도도 증가한다. 수학적으로 표현하면, $v = v′ + u$ 이다.

이 규칙에 의하면, 빗방울의 속도는 관측자의 운동과 관련되는데, 이것이 속도의 상대성의 한 측면이다.

속도의 상대성에는 또 다른 측면이 있다. 운동 경기에서 창던지기를 하는 선수는 항상 얼마를 달린 후에 창을 던진다. 이것은 만약 투창 선수(기준계 K′)에 대한 창의 초기 속도를 v′이라고 하고, 지표면(기준계 K)에 대한 선수의 달리는 속도가 u라면, 지표면에 대한 창의 속도는 $v=v′+u$가 되기 때문이다. 따라서 달리면서 창을 던지게 되면 지표면에 대한 창의 속도가 증가하게 된다. 바꿔 말하면, 지표면에 대한 창의 속도는 투창 선수의 운동 상태와 관련이 있다. 이것이 또 하나의 물리 법칙이다.

속도의 상대성에 대한 이 두 가지 측면을 합쳐서 우리는 속도의 합성이라고 부른다.

속도의 합성은 많은 사람에게 당연한 것으로 보일지도 모른다. 사실, 일상생활에서 우리는 그러한 현상을 수천수만 번씩 경험해 왔다. 물살이 빠른 곳에서 수영을 할 때, 강의 정반대편의 둑에 도달하려고 아무리 애를 써도 실제로는 강 아래쪽 어딘가에 도달하고 만다. 이러한 경우에도 속도의 합성이 비밀리에 그 역할을 했던 것이다.

속도 합성 공식에 대한 독자들의 이해 정도를 시험해 보기 위해 다음 문제를 풀어 보도록 하자. 폭이 500m이고 물살의 속력이 분당 4m인 어떤 냇물이 있다(그림 2-5). 잔잔한 물에서의 수영 속력이 똑같이 분당 50m인 두 수영 선수 K와 K′이 둑의 A 지점에서 함께 출발한다. K는 강의 정

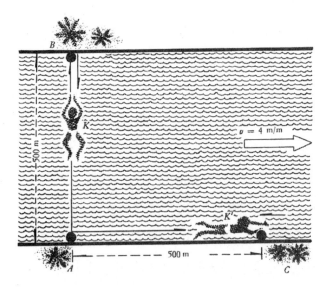

그림 2-5 | 작은 강에서의 수영 시합

반대편에 있는 B 지점까지를, 그리고 K′은 강 아래쪽에 있는 C 지점까지를 수영으로 왕복한다(A와 C 사이의 거리 역시 500m이다). 만약 이 두 수영 선수가 동시에 A 지점을 떠났다면, 과연 누가 먼저 그리고 얼마나 빨리 돌아올 것인가?

여기서 여러분은 이 문제가 너무 단순하고 명백하여 장황한 설명이 필요 없을 것으로 보이기 때문에 다소 싫증을 느낄지도 모른다. 그러나 물리학의 특성이 그러하듯이, 어떤 '단순한' 개념이라도 고찰 없이 넘겨 버려서는 안 된다. 그것을 세심히 조사해 보면 우리는 아마 '단순한' 사실이 정말로 그렇게 단순하지는 않았다는 것을 알게 될 것이다.

제3장

속도의 고전적 합성에서
광속의 일정성까지

빛 현상의 수수께끼

앞에서 우리는 고전 역학에서 가장 중요한 규칙에 속하는 속도의 합성에 대하여 주로 논의했다. 이 장에서는, 고전 역학이 상대론으로 바뀌어 감에 따라 속도 합성의 개념이 어떻게 발전되어 가는지에 관해 논하고자 한다.

먼저, 고전적인 속도 합성의 법칙은 어떤 한계 내에서만 타당하다는 것을 지적하고자 한다.

속도 합성 공식을 이용하여 빛의 전파와 관련된 몇 가지 현상을 분석해 보자. 광학 이론에 의하면, 우리가 물체를 볼 수 있는 이유는 물체에 의해 방출된(또는 복사된) 빛이 우리의 눈에 들어오기 때문이다. 빛을 방출하지

그림 3-1 | 공놀이에서의 기묘한 현상

도 않고 반사나 흡수도 하지 않는 물체는 보이지도 않는다.

〈그림 3-1〉에는 K와 K′이 공놀이를 하는 모습이 그려져 있다. K가 공을 던지고 K′이 이를 받는다고 하자. K′이 공을 보는 이유는 공에 의해 방출된(또는 복사된) 빛이 K′에 도달하기 때문이다. 광속을 c, K와 K′ 사이의 거리를 d라고 표시하면, K가 공을 던지기 바로 직전에 아직은 K의 손에 정지해 있는 공을 K′이 본 순간은 공을 실제로 던지기 시작한 순간보다 $\Delta t = d/c$만큼의 시간이 더 지났을 때일 것이다.

여기서 공의 초기 속도를 u라고 하자. 만약 빛의 운동도 투창 선수의 창 운동처럼 고전적 속도 합성 법칙을 따른다면, 움직이는 공에 의해 방출되는 빛의 속도는 c보다 좀 더 빠른 c+u이어야 한다. 그러면 K가 공을 던지는 것을 K′이 보는 시간은 그 공이 실제로 K의 손을 떠나는 시간보다 $\Delta t′ = d/(c+u)$만큼 더 지났을 때가 된다.

Δt와 $\Delta t′$을 비교해 보면, c+u>c이기 때문에 $\Delta t′ < \Delta t$임을 발견할 수 있을 것이다. 즉 K′은 먼저 w그의 파트너의 손에서 공이 떠나는 것을 보고, 그러고 나서 공이 파트너의 손에 정지해 있는 것을 보게 될 것이다. 좀 더 극적으로 이야기하면, K′은 날아오는 공을 먼저 보고, 그러고 나서 던지는 동작을 볼 것이다! 우리가 나중에 일어난 사건을 먼저 보고 나서 먼저 일어난 사건을 보게 되는 이유는, 빛의 전파와 관련된 문제에 속도 합성 공식을 적용했기 때문이다. 그러나 이러한 시간 순서의 혼돈을 관측해 본 사람은 아무도 없다. 이것은 '빛은 속도―합성 공식을 따르지 않는다' 라는 것을 증명하고 있다!

여기서 몇몇 사람들은, 빛의 속도가 너무 커서 Δt와 $\Delta t'$이 실제로는 거의 0에 가깝기 때문에, $\Delta t' < \Delta t$일지라도 둘의 차이를 인지할 수 없을 것이라고 말할 수도 있다. 사실, 일상생활에서 관측되는 보통 물체의 속도는 광속에 비해 매우 작다. 따라서 광속을 무한대로 본다면, 앞서 언급한 모순은 사라질 것이다. 그러나 천문학적 크기에서 본 광속은 무한대로 취급할 수 없어서, 앞서 말한 빛 전파에서의 모순도 피할 길이 없다. 다음은 실제의 경우이다.

초신성의 폭발과 광속

900여 년 전에, 잘 알려진 한 초신성(超新星: supernova)의 폭발이 송나라 북부 지방의 천문학자들에 의해 자세히 기록되었다. 기록에 따르면, 이 폭발은 인종(仁宗) 왕조 지화(至和) 시대 첫해인 1054년 5월에 시작되었다. 처음 23일 동안에는 이 별이 대단히 밝아서 심지어 낮에도 볼 수가 있었다. 그런 후 점점 희미해지더니 가우 시대 첫해(1056) 3월에는 육안으로는 볼 수 없게 되었다. 22개월 동안 계속된 폭발 후에 남은 물질이 바로 게성운(Crab Nebula)이라고 불리는데, 타우루스 별자리의 중앙에 위치한 유명한 성운이다.

이 오래된 기록은 광속에 관한 고찰과 관련이 있다. 초신성이 폭발할 때, 별의 외곽 껍질은 방사선 방향으로 날아가게 된다. 어떤 파편들은 우리 쪽을 향해 날아오고(그림 3-2에서 A 위치), 또 어떤 파편들은 수직 방향으로 날아갈 것이다(B 위치). 만약 빛이 앞에서 말한 속도 합성 법칙을 따른

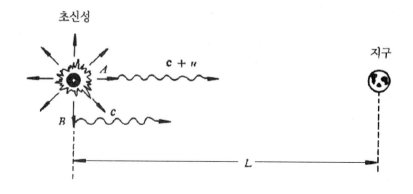

그림 3-2 | 폭발하는 초신성의 빛 전파

다면, 공놀이에 관한 분석에서처럼 A 위치에서 방출된 빛의 속도는 c+u이고, B 위치에서 방출된 빛의 속도는 c와 거의 같다고 결론을 내릴 것이다.

따라서, 빛이 A 위치로부터 지구에 도달할 때까지 걸리는 시간은, t=L/(c+u)가 되고, B로부터 오는 빛이 걸리는 시간은 $t' \approx L/c$가 되어야 한다. 게성운과 지구 사이의 거리는 약 5,000광년이고, 파편들이 나는 속력은 대략 초당 1,500㎞이다. 이 수치들을 이용하면 $t'-t \approx 25$년 이라는 결과를 얻을 수 있다.

즉 폭발 초기 단계에 방출된 강한 빛이 약 25년간에 걸쳐 지구에서 관측될 수 있어야만 한다는 것이다. 그러나 이것은 사실과는 다르다. 역사 기록은 '이 폭발은 꼭 일 년여 만에 희미해졌다'라고 한다. 이 사실이 증명하는 것은 우리의 계산이 옳지 않다는 것이다. 결론적으로, A와 B에서 방출된 빛의 속력은 서로 같다는 것이다. 바꿔 말해서, 광속은 빛을 방출하는 물체의 속도와 아무런 상관이 없다. 즉 광원이 아무리 빨리 우리 쪽으로 움직이고 있어도, 우리가 보는 빛의 속도는 변하지 않는다. 빛은 속도 합성의 고전적 법칙을 따르지 않는다.

에테르 가설

앞에서 논의한 현상에 대해 사람들은 다른 설명을 생각해 냈다.

만약 우리가 바다에서 항해하는 배에 관해 세심하게 연구해 보면, 배에 의해 발생한 물결파의 속력은 일반적으로 배의 속력과 무관하다는 것을 발견하게 될 것이다. 그것은 바다의 임의적인 조건 하에서 파동의 전파 속력은 배의 속력에 영향을 받지 않고 일정하기 때문이다.

여기서 우리는 유추를 통해, 빛도 어떤 종류의 '바다'에서 움직이는 파동일지도 모른다고 무리없이 생각해 본다. 빛의 속도는 광원의 속력과 무관하게 오로지 '바다'의 특성에 의해서만 결정된다. 실제로 빛은 파동성을 가지고 있으며, 이것이 '바다' 이론을 확고히 하는 데 기여한다. 그래서 이 이론은 한때 큰 인기를 누렸다. 빛이 지나가는 '바다'를 흔히 에테르(ether)라고 부른다. 빛은 어느 곳이나 갈 수 있기 때문에 우주 전체가 에테르로 꽉 차 있다고 생각할 수 있다. 상상에서 비롯된 이 에테르는 빛 전파의 매체로서의 역할을 하겠지만, 눈에 보이지도 않고 어떤 다른 방법으로도 경험할 수가 없다. 에테르가 빛 전파의 여러 가지 특성을 설명할 수 있기 위해서는 마땅히 몇 가지 특수한 성질을 가져야만 한다. 예를 들면, 빛이 초당 30만 km의 속력으로 이동할 수 있을 만큼의 튼튼한 매질이면서도 동시에 그 안에서 움직이는 다른 어떤 물체에도 저항을 주지 않아야 한다. 그러면 이러한 특성을 가진 에테르가 정말로 존재하는가?

마이컬슨—몰리의 실험

1887년에 마이컬슨(Michelson)과 몰리(Morley)는 에테르 가설을 증명하기 위한 한 유명한 실험을 함께 했다.

그들의 착상은 다음과 같다. 만약 빛이 에테르 안에서 일정한 속력으로 전파되고 있다면, 에테르에 대해 어떤 상대 속도로 움직이는 사람이 받게 되는 빛의 속력은 빛이 오는 방향에 따라 달라야 한다. 그의 얼굴을 비추는 빛의 속력은 그의 등을 비추는 빛의 속력보다 더 커야만 한다. 이 두 속력의 차이가 측정될 수만 있다면, 이는 에테르 가설을 뒷받침할 것이다.

엄청난 광속과 비교하면 보통 물체의 속력은 매우 작다. 따라서 광속이 물체의 방향에 따라 다르더라도 이를 측정하는 것은 극히 어렵다. 마이컬슨—몰리 실험의 기발함은, 각 방향에 따른 실제 광속을 측정한 것이 아니라, 방향에 따른 광속의 차이를 측정하려고 했던 데에 있다.

실험은 다음과 같이 고안되었다. 광원 S로부터 나온 빛줄기가 반투명 거울 A에 도달하면 빛줄기의 일부는 거울을 통과하고 일부는 반사된다. 거울을 통과한 빛줄기는 거울 C에 도달한 후 반사되어 A로 돌아오는데, 그중 일부는 A에서 반사되어 렌즈 D로 간다. 한편, 거울 A에서 반사된 다른 빛줄기는 거울 B에 도달한 후 A로 돌아오는데, 이 중 일부는 A를 통과해서 D로 간다. 이제 지구가 에테르에 대해 SC 방향으로 속력 v로 움직이고 있다

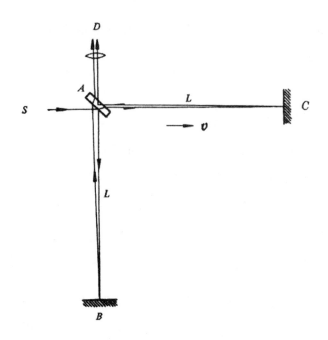

그림 3-3 | 마이컬슨 — 몰리 실험의 개략도

고 가정하자. 그러면 빛이 A-C-A-D 선을 따라 이동하는 데 걸리는 시간은 A-B-A-D 선을 따를 때와는 다르다. 이 경우는 앞 장의 끝부분에 나온 연습 문제와 유사하다. A-C-A를 따라 이동하는 빛은 수영 선수 K′에 해당하고, A-B-A를 따라 이동하는 빛은 수영 선수 K에 해당한다. 이 두 빛줄기가 이동하는 데 걸리는 시간 차이는,

$$\Delta t \approx \frac{L}{c}\frac{v^2}{c^2}$$

으로 쉽게 계산이 되는데, 여기서 L은 $\overline{AC}$또는 $\overline{AB}$의 길이이다. 두 빛줄기의 간섭 효과를 관측함으로써 시간 차이를 측정할 수가 있다.

그러나 이 실험의 결과는 부정적이었다. 즉 측정된 Δt는 오직 0뿐이었다. 여기서 우리는 두 가지 갈림길에 서게 된다. 즉 에테르에 대한 지구의 속력이 0이든지 에테르 가설이 틀리든지, 둘 중 하나이다. 지구는 자전 운동 외에도 태양을 중심으로 공전을 하기 때문에, 첫 번째 해답은 받아들일 수가 없다. 더구나, 태양계 전체가 우리 은하계의 중심에 대해 역시 운동을 하고 있다. 어떻게 우리가 에테르에 대한 지구의 속력을 0으로 간주할 수 있겠는가? 만약 우리가 이 관점을 받아들인다면, 지구를 매우 특별한 곳에 위치한 천체물로 생각하는 것이 아니겠는가? 코페르니쿠스 이후 사람들은 지구가 우주의 중심이라고 어떤 방식으로든지 전제하고 보던 우월감을 포기해 버린지 이미 오래다. 따라서 우리가 내릴 수 있는 유일한 결론은 에테르 가설이 잘못되었다는 것이다.

그리하여 빛이 가상적인 에테르 속에서 움직인다는 개념은 완전히 폐기되었다. 이 결론은 매우 중요한 까닭에, 이후 많은 과학자들이 다른 계절, 다른 시간에, 그리고 다른 측정 장치로 마이컬슨—몰리 실험을 되풀이해 보았지만 결론은 변함없었다.

광속은 일정하다

이론적 연구의 중요한 역할은 특정 실험으로부터 일반적으로 적용할 수 있는 결론을 이끌어 내는 것이다. 모든 특정 실험은 특정 상황에서 행해지기 때문에, 이들은 단지 이론적 추상화를 통하여 일반성을 부여받을 수 있게 된다.

앞의 분석에서, 부정적인 실험 결과가 증명하는 것은 빛이 고전적 속도 합성 법칙을 따르지 않는다는 것이다. 그러면 이 특정 결과로부터 어떤 일반성 있는 결론을 얻을 수 있을까? 결론은, 광속은 일정하다거나 혹은 광속은 그러한 절대성의 특정이 있다는 것이다. 광속의 절대성이란, 빛이 진공에서 전파될 때 그 속도가 광원의 운동에 영향을 받지 않고 일정하다는 것을 의미한다.

우리가 한 번 더 강조해야 할 것은, 보편성 있는 법칙에 관한 한, 원칙적으로 그것이 실험에 의해서 증명되었다고 말할 수 없다는 점인데, 그 이유는, 보편적인 법칙은 무한히 많은 특정한 경우 모두에게 적용할 수 있어야만 하는 반면, 유한한 일생 동안 우리는 단지 유한한 개수의 실험만을 수행할 수 있기 때문이다. 따라서 실험을 통해 빛의 속력이 일정하다는 것을 증명했다라고 말하는 것보다는, 과학적인 실험으로부터 이끌어 낸 결론이 여태까지 우리가 얻어 온 실험 결과에 전혀 모순되지 않는다고 말하는 것이 더 적절하다.

광속은 그것이 일정하다는 점에서 다른 보통 물체들의 속력과는 현저하게 다르다. 앞 장에서 우리는 속도의 상대성을 강조해서 지적했다. 즉 우리는 단지 임의의 기준계에 대한 속도의 크기만을 논할 수 있다. 그러나 광속은 예외다. 어떤 빛줄기의 속력을 관측자 K가 측정하든지 K′이 측정하든지에 관계없이 c이다.

많은 경우에 우리가 무의식적으로 속도 합성의 고전적 법칙을 이용해 왔듯이, 우리는 광속의 일정성 또한 몇 가지 실제적인 상황에 적용해 왔다.

한 예로서, 레이더에 의해 물체의 거리를 측정하는 것이다. 레이더 신호가 방출되어 메아리가 되어 돌아올 때까지 걸리는 시간이 Δt라면, 물체의 거리는 $d = \frac{1}{2} \Delta t \cdot c$이다. 레이더의 실제 적용에서 우리는 레이더 장치가 지표면에 고정되어 있는지 혹은 빠른 속력으로 달리는 전투함에 장치되어 있는지를 결코 고려하지 않는다. 둘 중 어떤 경우에도 우리는 같은 광속 c를 사용하여 계산을 하는데, 이 사실은 광속 불변의 원리*를 뜻한다.

속도 합성의 새로운 법칙

요약하면, 지금까지 우리는 속도와 관계된 다음 두 가지의 원리를 얻어냈다.

1. 고전 물리학에서는 다음의 속도 합성 법칙이 사용된다.

$v = v' + u$ (1)

2. 빛의 속도에 관해서는

$c = $ 불변의 양

이다.

이 두 원리는 서로 '모순'되지만, 둘 다 옳다. 이 두 원리를 통합하기 위해서는 좀 더 일관성 있는 이론이 필요하다는 것은 명백한데, 그러기 위해서는 고전적 속도 합성 법칙을 발전시켜 그 자체 안에 광속의 일정성이 포함된 새로운 속도 합성 법칙이 되도록 해야 한다. 이러한 요구를 만족시켜

---

*   여기서 광속 불변의 원리라고 함은, 광속이 기준계의 선택과 무관하게 항상 일정한 크기를 갖는다는 의미에 국한된다. 전파 매질이 달라지면 광속은 실제로 변한다.

주는 것이 특수 상대론의 속도 합성 공식이다. 이 공식은

$$v = \frac{v' + u}{1 + \dfrac{v'u}{c^2}} \quad (2)$$

으로 표현되는데, 여기서 모든 기호는 공식 (1)에 있는 것과 같은 의미를 갖는다.

공식 (2)가 어떻게 얻어졌는지에 대해서는 점차 논하기로 하자. 여기서 먼저 그 물리적인 의미를 알아보자. 보통의 상황에서는 모든 물체의 속력이 광속보다 훨씬 작으며, 그러한 이유로 우리는 광속을 무한대로 다룰 수 있다. $c \rightarrow \infty$로 택하면 공식 (2)는 공식 (1)로 환원된다. 즉, 공식 (2)는 공식 (1)이 가진 진리를 포함하고 있다. 한편 우리가 고찰하고 있는 물체가 빛이라면, K′에 대한 빛의 속도는 c이다. 즉 v′ = c이다. 이것을 공식 (2)에 대입하면 v = c를 얻게 된다. 즉 K에 대한 K′의 상대 속도 u가 아무리 크더라도, 그들 중 누가 측정하든 광속은 변함없이 c이다. 따라서 공식 (2)는 광속 불변이라는 진리도 포함하고 있다.

빛의 속도는 한계 속도이다

이제 고전적 공식 (1)과 상대론적 공식 (2)를 좀 더 깊이 비교해 보자.

앞 장에서 우리는 투창 선수가 창을 던지는 행동에 관해서 논의했다. 창을 던지기 위해 달리는 것은 지표면에 대한 창의 속도를 증가시키기 위해서이다. 여기서 그의 달리는 속도가 광속에 접근한다고 가정해 본다면, 과연 창의 속력이 광속을 능가할 수 있겠는가? 공식 (1)에 의하면 가능하

다. 투창 선수의 속도를 u=0.9c, 그리고 투창 선수에 대한 창의 속도도 마찬가지로 v′=0.9c라고 하자(둘 다 c보다 작음). 그러면 지표면에 대한 창의 속도는 v=v′+u=1.8c가 된다(빛의 속도를 능가하게 됨). 실제로 고전역학의 속도 합성 법칙에는 최고 한곗값이라는 것이 없다. 공식 (1)을 반복하여 사용하면, 우리는 여러 개의 작은 속도들을 합해 줌으로써 어떤 크기의 속도도 얻을 수 있다.

상대론적 물리학으로 옮겨가 보면, 결론이 달라진다. 공식 (2)에 의하면, 앞의 예에서 지표면에 대한 창의 속도는

$$v = \frac{0.9+0.9}{1+0.9\times0.9}\ c = 0.995c$$

가 되어야 하며, 이 값은 광속보다 작은 값이다. 즉 어떠한 기준계를 사용하더라도 창의 속도는 빛보다 빠를 수가 없다. 일반적으로 말해, 빛의 속도보다 작은 속도들을 아무리 많이 합성해 보아도 결코 빛의 속도를 능가하는 결과를 얻을 수는 없다.

이리하여 광속은 움직이는 모든 물체의 한계 속도임이 판명되는데, 이것이 광속의 절대성에 관한 또 다른 측면이다.

초광속에 관하여

빛의 속도가 한계 속도라는 것에는 몇 가지 주석이 따라야 한다.

광속은 가능한 모든 속력의 한곗값이라는 견해는 옳지 않다. 사실, 광속은 물체의 이동이나 에너지의 전달에서의 한계 속도이다. 만약에 우리

가 특정 조건에 구애 없이 일반적 의미에서의 속력을 논한다면, 우리는 어렵지 않게 물리에서의 초광속(超光速: Superluminal Speed) 현상을 발견할 수 있다.

여기서 아주 흔한 예를 인용해 보자. 축제 날 밤에 탐조등(Searchlight)의 빛줄기가 높은 고도의 구름을 비추면, 빛의 반사에 의해 구름의 밝은 부분이 보이게 된다. 지상에 있는 탐조등 장치가 서서히 회전함에 따라 탐조등이 비추는 밝은 부분은 매우 큰 속력으로 이동하게 될 것이다. 만약 구름의 위치가 충분히 높다면, 밝은 곳이 이동하는 속도는 광속을 능가할 수 있다. 이러한 경우에는, 밝은 곳이 이동함에 따라 에너지가 전달되는 것이 아니므로, 이동 속력은 광속에 의해 제한을 받지 않는다.

탐조등의 예는 하나의 원리를 설명해 주고 있을 뿐만 아니라, 이의 응용도 역시 매우 가치 있는 일이다. 70년대 이후로 전파 망원경의 분해능이 매우 향상되었다. 매우 긴 기준선 간섭 장치(Baseline Interference Device)가 사용됨에 따라 그 분해능도 향상되어, 라사(Lasa)에 있는 관측자가 하얼빈에 있는 우표를 볼 수 있을 정도까지 되었다*. 이 새로운 기술을 적용함으로써 우리는 많은 퀘이서(Quasar)에 두 개의 대칭적인 이중 복사원이 있다는 것을 발견할 수 있다(그림 3-4). 가장 흥미로운 것은, 이 준성(準星)들 중 몇몇에서는 그 복사원들이 서로 멀어져 가고 있다는 것이다. 두 복사원 사이의 거리가 증가하는 비율로부터 그 분리 속도를 계산해

---

* 라사와 하얼빈 사이의 직선 거리는 약 3,400㎞이다.

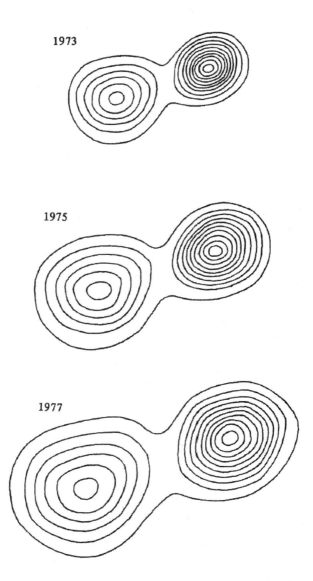

그림 3-4 | 퀘이서 3C345에는 70년대 이후로 광속보다 빠른 속력으로 서로 멀어져 가는 두 개의 복사원이 있다

낼 수 있다. 3C345, 3C273, 3C279 등과 같은 퀘이서의 경우를 보면 이들 모두 그 분리 속도가 광속을 능가하는데, 어떤 경우에는 심지어 광속의 10배에 달한다.

한 모형(Model)에서는 초광속 현상을 다음과 같은 방식으로 설명한다. 퀘이서의 중심에 있는 모체에 의해 서로 반대편 방향으로 방출된 두 갈래의 입자들(탐조등 빛줄기에 해당됨)이 별 사이의 매질(높은 고도의 구름에 해당됨)에 도달하여 이를 자극하면, 이 매질은 빛을 발하는 물질(구름의 밝은 부분에 해당됨)이 된다. 따라서, 중심에 있는 모체가 조금만 흔들려도, 입자들에 의해 자극되어 빛을 발하는 영역은 엄청난 속력으로 움직일 것이다. 이 속력은 광속에 의해 제한되지 않는다. 즉 이 경우에는 빛보다 빠를 수 있다.

물론 탐조등 모형은 단지, 빛보다 빠른 속력에 대해 설명할 수 있는 여러 방식 중의 하나에 불과하다. 다른 많은 모형도 이 현상을 그럴듯하게 설명한다. 아직까지는 이들 중 어느 것이 가장 합리적인 설명 방법인가에 대해서 일반적으로 단언할 수 없다. 어느 것이 가장 타당한 설명 방식인가를 결정하기 위해서는 더 많은 관측이 필요하다.

c의 측정

광속이 갖는 매우 많은 중요한 성질들 때문에, 이것은 기본 물리 상수로 취급되어 왔다.

광속 측정을 최초로 시도해 본 사람은 갈릴레오다. 갈릴레오와 그의 조수는 빛 차단기가 달린 등불을 하나씩 들고서 서로 수 km쯤 떨어진 곳에 서 있었다(그 당시의 사람들에게는 전깃불은 물론이고 전기에 대한 지식조차 없었다). 갈릴레오가 그의 등불 차단기를 여는 순간 빛줄기가 그의 조수 쪽으로 가게 되고, 조수는 빛줄기를 보는 즉시 그의 등불 차단기를 열었다. 갈릴레오는 그가 불빛을 보내는 순간과 그의 조수로부터 불빛이 돌아오는 것을 보는 순간과의 시간 간격을 측정하고자 했으며, 이로부터 광속을 계산할 수 있었다. 그러나 이 실험은 실패로 끝났는데 그 이유는, 오늘날 우리가 알고 있듯이 빛은 너무 빨라서 이러한 방법으로 광속을 측정하려면 적어도 10^{-5}초의 정확도는 가져야 하기 때문이다. 그 당시에 이 정도까지 요구되는 정확도를 얻는다는 것은 전혀 불가능했다.

광속에 대한 비교적 정확한 값을 최초로 얻은 것은 천체물의 관측을 통해서였다. 1675년에 덴마크의 천문학자 뢰머(O.Römer)는, 궤도 운동을 하고 있는 지구가 목성에 접근하느냐 혹은 멀어져 가느냐에 따라 목성 주위를 공전하는 한 위성의 주기가 다르게 관측되는 것을 알아챘다. 그는 이것이 각각의 경우에 빛이 이동한 거리가 다르기 때문이라고 믿었다. 이러한 판단에 기초하여 뢰머는 $c = 2 \times 10^{8}$m/s의 값을 계산해 냈다.

1849년에는 처음으로 실험실에서 광속의 측정이 이루어졌다. 그 해에 프랑스의 물리학자 피조(H. Fizeau)는 고속 회전 기어를 그의 측정 장치에 사용했다. 1862년에 푸코(J. Foucault)는 다른 방법을 개발하여 광속을 측정했는데, 그는 고속 회전 거울을 사용하여 매우 작은 시간 간격을 측정할 수 있었다. 그의 실험 방법을 좋게 각색하여 설명해 보면 다음과 같다. 회

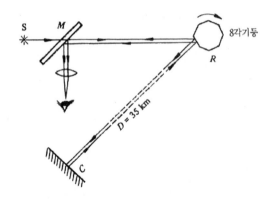

그림 3-5 | 고속으로 회전하는 8각기둥을 사용하여 광속을 측정하는 장치의 기본 구조

전 거울은 매끄러운 표면을 가진 강철로 된 8각기둥이다(그림 3-5). S에 의해 방출된 빛이 R에 도달하면, 거기서 반사된 빛줄기는 35km를 이동한 후 거울 C에 도달하고, 그곳에서 다시 반사되어 회전 거울로 되돌아온다. 빛이 이동하는 데 걸리는 총시간은 t=2D/c인데, 이 시간 동안 거울도 얼마간 회전하게 된다. 이 거울의 회전 속력을 증가시켜 초당 528회전에 이르면, t시간 동안에 거울은 정확히 1/8 회전하게 되어, 돌아온 빛이 8각 거울의 다음 면에 정확히 도달하게 된다. 반투명 거울 M을 통해 되돌아온 빛의 영상은 망원경을 통해 관측된다. 이런 방법에 의해 측정된 빛의 속도는

   c = 299,796 ± 4km / s 이다.

현대적인 측정 방법에서는, 먼저 빛줄기의 진동수 ν와 파장λ를 모두 측정해서, 공식 c=$\nu\lambda$에 대입하여 광속을 계산한다. 1973년 이후로는,

   c = 299,792,458 ± 1.2m / s

의 값이 광속으로 채택되어 왔다.*

덧붙이면, 광속을 측정하는 방법은 다양함에도 불구하고 그 결과는 모두 같게 나오는데, 이것이 광속의 일정성에 대한 또 다른 증명이다.

---

* 최근에는 국제 협약에 의해 광속을 정의된 양으로 규정했다. 이에 따라서, 미터는 빛이 진공 중에서 1/299,792,458초 동안 이동한 거리로 정의된다.

제4장

갈릴레오의 상대성 원리에서
특수 상대론까지

살비아티의 배

제1장에서 우리는 고전 물리학이 아리스토텔레스의 시간 및 공간의 개념을 부정하면서 시작한다는 사실에 관해 언급했다.

한동안 열띤 논쟁이 계속된 적이 있었다. 지동설을 지지하던 사람들은 지구가 움직이고 있다고 주장하고 있었고, 천동설을 옹호하던 사람들은 지구는 정지해 있다고 고집했다. 천동설 학파는 "만약 지구가 고속으로 움직이고 있다면, 왜 지구 위에 서 있는 사람들이 이 움직임을 감지하지 못한단 말인가?"라는 강한 논지를 펴면서 지동설 학파를 공격했다. 이거야말로 심각한 문제로 보인다.

1632년에 갈릴레오는 그의 유명한 『프톨레마이오스와 코페르니쿠스의 두 대우주 체계에 관한 대화』를 출판했는데, 여기서 지동설 학파의 일원이던 살비아티(Salviati)는 매우 설득력 있는 해답을 제공했다(그림 4-1). 그의 해답은 다음과 같다.

"이제 당신과 당신의 친구들이 거대한 배의 갑판 아래에 있는 중앙 선실에 갇힌다고 해 보자. 그 안에는 파리와 나비 및 기타 날개 달린 곤충들도 몇 마리씩 함께 갇히고, 큰 어항에는 몇 마리의 물고기가 헤엄칠 수 있도록 물이 가득 차 있다. 천장에는 물이 가득 찬 큰 병이 걸려 있고, 그로부터 물방울이 방울방울 큰 항아리 속으로 떨어진다. 배가 정박해 있을 때 자세히 관찰해 보면, 곤충들이 방향에 상관없이 선실 내에서 자유롭게 날고 있다. 물고기들도 이쪽저쪽으로 자유로이 헤엄치고 있으며, 물방울도 바로 밑의 항아리 속으로 똑바로 떨어진다. 여러분이 친구에게 어떤 것을 던져 본들 방향과 무관하게 같은 거리에는 같은 힘이 소요됨을 알 수 있을 것이다. 어느 방향으로 넓이뛰기를 해 보아도 뛰는 거리는 같을 것이다. 이런 것들을 상세히 살펴본 뒤, 배를 어떤 속도로 항해하도록 해 보자. 만약 배의 속도가 일정하게 유지되고 좌우상하로 흔들리지만 않는다면, 앞에서 언급한 모든 현상이 하나도 변치 않고 그대로 남아 있음을 알게 될 것이다. 이러한 현상으로는 배가 정박해 있는지 항해하고 있는지를 알 수 없다. 배가 비교적 빠른 속력으로 항해한다 해도, 넓이뛰기의 거리에는 변함이 없을 것이다. 즉 배꼬리를 향해 뛴다고 해서 뱃머리를 향해 뛸 때보다 더 멀리 뛰게 되지는 않는다. 여러분이 뛰어올라 공중에 머무는 동안에 뱃마루는 뛰는 방향과 반대로 움직인다. 여러분이 친구를 향해 어떤 물건을 던지든 간에 친구를 마주 보고 서서 던지기만 한다면, 친구가 뱃머리에 있든 배꼬리에 있든 상관없이 같은 힘이 들 것이다. 물방울이 떨어지는 동안에 배는 이미 몇 뼘 *(span) 정도 진행했겠지만, 배꼬리 쪽으로 흩날리는 물방울 하나 없이 모두 똑바로 항아리 속으로 떨어진다. 물고기들도 앞쪽으로 헤엄친다고 해서 뒤쪽으로 향하는 경우보다 힘들어하지 않으며, 어항의 어느 벽 쪽으로도 먹이를 찾아 자유로이 헤엄쳐 다닌다. 마지막으로, 나비나 파리들도 배꼬리 쪽으로 쏠리는 경향을 보인다거나, 움직이는 배를 따라잡으려고 안간힘을 쓰는 일도 없이 자유롭게 공중을 날고 있다."

---

*   손바닥을 쭉 폈을 때 엄지와 새끼손가락 끝 간의 거리를 나타내는 길이의 옛 단위로서, 보통 9인치에 해당.

그림 4-1 | 살비아티의 배

살비아티의 배는 하나의 중요한 진리를 설명하고 있는데, 그것은 그 배 안에서 목격되는 개별적인 현상이나 전체적인 현상들로는 그 배가 움직이는지 정지해 있는지를 판단할 수가 없다는 것이다. 이러한 주장을 지금은 갈릴레오의 상대성 원리라고 부른다.

현대 용어로, 살비아티의 배는 다름 아닌 소위 관성 기준계이다. 어떠한 배든 흔들리지 않고 일정한 속도로 움직인다면 관성계로 간주할 수 있다. 어떤 한 관성계에서 볼 수 있는 모든 현상은 다른 관성계에서도 전혀 차이가 없이 관측할 수 있다. 다시 말해서, 모든 관성계는 동등하다. 우리는 결코 어느 관성계가 절대 정지 상태에 있고 또 어느 관성계가 절대 운동 상태에 있는가를 결정할 수가 없다.

갈릴레오의 상대성 원리는, 천동설 학파가 지동설 학파에 대항하여 펼

쳤던 모든 주장을 송두리째 뒤엎었을 뿐만 아니라, 절대 공간 개념의 허구성을 들추어냈다(적어도 관성 운동의 영역에서는). 따라서 고전 역학에서 상대론으로 전이되어 가는 과정에서 많은 고전적인 개념들이 바뀌어야 했지만, 갈릴레오의 상대성 원리만은 예외적으로 전혀 수정될 필요가 없었다. 더욱이 갈릴레오의 이 원리는 훗날 특수 상대론의 두 가지 기본 원리 중의 하나가 된다*.

특수 상대론의 두 가지 원리

1905년에 아인슈타인은 「운동하는 물체의 전기 역학에 관하여」라는 논문을 발표했는데, 이 논문에서 그는 자신의 특수 상대론의 기초를 세웠다. 특수 상대론의 기본 원리에 관해 그는 다음과 같이 적고 있다.

"다음에 고려하는 것들은 상대성 원리와 광속의 일정성 원리에 기초를 두고 있는데, 이 두 원리는 다음과 같이 정의된다.

1. 물리적인 계의 상태 변화를 지배하는 모든 법칙은 그 상태 변화를 기술하는 데 있어서, 서로 균일한 상대 속도로 움직이는 좌표계들 중 그 어느 것

---

* 많은 교과서에서 갈릴레오의 상대성 '원리를 역학적 상대론이라고 부르는데, 이는 특수 상대론에서 일컫는 상대성 원리와 구분하기 위해서 이다. 차이점은, 역학적 상대론은 어떠한 역학적 현상을 관측하는 데 있어서도 모든 관성계는 동등성을 갖는다는 것을 역설하는 반면에, 특수 상대론의 상대성 원리는 더 일반화시켜서 어떤 물리적 현상과 연관된 모든 관성계의 동등성을 언급하고 있다. 사실 이러한 구분은 역사적 사실과 완전히 일치하는 것은 아니다. 왜냐하면, 살비아티는 명백히 '모든 현상'을 언급하고 있지 단순히 역학적 현상만을 언급하는 것은 아니기 때문이다.

을 사용하느냐와는 전혀 무관하다.

2. 모든 빛줄기는 빛을 방출하는 물체가 정지 상태에 있든 운동 상태에 있든 '잠잠한' 좌표계에서 일정한 속도 c로 이동한다.

처음 것은 상대성 원리이고, 나중 것은 광속의 일정성이다. 완성된 특수 상대론은 이 두 가지 기본 원리에 기초를 두고 있다.

아인슈타인의 철학은 자연이 단순하고 조화롭다는 것이다. 그의 이론의 특징은 항상 자연이 단순해 보이지만 심오하다고 호소하고 있다는 데 있다. 특수 상대론 역시 이러한 특징을 가지고 있다. 이 두 가지 기본 원리는 별 어려움 없이 받아들일 수 있는 '단순한 사실들'처럼 보이지만, 이들로부터 추론되는 것들이 뉴턴 물리학의 기초를 완전히 바꿔 놓았다.

이제 다음과 같이 추론을 시작해 보자.

동시성은 상대적이다

제1장에서 우리는 동시성 개념의 상대성과 절대성에 관해 이미 언급했다. 여기에서는 이에 대해 좀 더 자세히 논의해 보자.

두 개의 사건이 동시에 일어났다는 것은 이 두 사건이 일어난 위치에 상관없이 오직 같은 시간에 일어났음을 뜻한다. 예를 들면, 라디오 방송국이 시보를 보내면, 여러 장소에 있는 많은 사람은 이를 기준으로 그들의 손목시계나 탁상시계를 맞출 것이다. 이렇게 해서 우리는 여러 장소에 있는 사람들이 시계를 동시에 맞춘다고 말한다. 그러나 좀 더 유심히 분석해 보면,

이 주장이 전적으로 옳지는 않다는 것을 알 수 있다. 신호가 라디오 청취자들에게 도달하려면 어느 정도의 시간이 걸리기 때문에, 서로 다른 장소에 있는 청취자들이 시보를 듣는 시간은 꼭 같지는 않을 것이다. 즉 청취자가 방송국으로부터 멀리 떨어져 있을수록 신호가 도달하기까지는 더 많은 시간이 걸린다. 물론 라디오파의 속력이 매우 크기 때문에, 이러한 방식으로 시계를 맞춤으로써 생기는 그러한 작은 차이는 무시할 수 있다. 우리의 일상생활에서 그런 정도의 오차는 아무런 문제를 일으키지 않는다.

하지만 우리가 어떤 문제를 다루는 원칙에서는 아무리 작은 오차일지라도 그대로 간과할 수가 없다. 정확히 말하면, 두 시계가 라디오 방송국으로부터 같은 거리만큼 떨어져 있을 때만 그들은 같은 시간에 신호를 받을 수 있다.

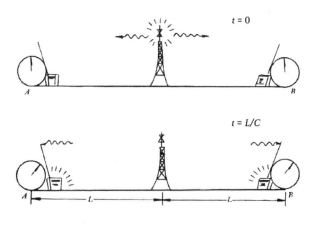

그림 4-2 | 동일한 관성계에서 사람들은 라디오의 시보에 의해
A와 B에 있는 시계를 맞출 수 있다

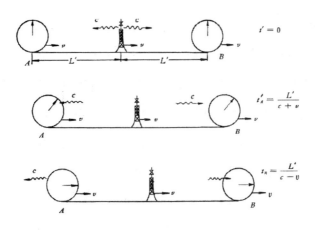

그림 4-3 | 관성계 K´에서 볼 때는 신호가 A와 B에 동시에 도달되지는 않는다

이제 〈그림 4-2〉와 같이 두 개의 시계가 각각 A와 B에 놓여 있다고 하자. 방송국까지의 거리는 똑같이 L이다. t=0일 때 방송국에서 신호를 보낸다고 하면, t=L/c일 때 그 신호는 A와 B에 동시에 도달한다. 이러한 방법으로 라디오 방송국은 동일한 관성계에 있는 여러 장소의 모든 시계를 맞추게 해 줄 수가 있다.

이제 어떤 사람이 관성계 K에 대해 상대 속도 v로 왼쪽으로 움직이는 다른 관성계에서 있다면(그림 4-3), 그의 눈에는 라디오 방송국 및 A와 B 모두가 오른쪽으로 속도 v로 움직이는데, A와 B에서 방송국까지는 여전히 같은 거리가 되며, 이때의 거리를 L´이라고 하자(뒤에 언급되지만, 특수 상대론에 따르면, 관측자에 대해 움직이는 거리는 정지해 있는 거리보다 짧게 측정되어, 일반적으로 L´〈L이 된다). 광속의 일정성 때문에 K´에 대한 신호의 속도는 여전히 c가 된다. A는 오른쪽으로 v의 속도로 이동하기 때문에 K′이 보기에는, A 방향으로 가는 신호와 A 사이의 상대 속도는 c+v[.]이다. 마찬가지로, B 방향으로 이동하는 신호와 B 사이의 상대 속도는 c−v임을 알 수 있다. 따라서 라디오 방송국에서 신호를 보내는 시간이 t′=0이면, A와 B가 신호를 받는 시간은 각각,

$$t'_A = \frac{L'}{c+v} \ , \ t'_B = \frac{L'}{c-v}$$

이어야 한다. 명백히 t′A≠t′B이다. 즉, K′이 보기에는 신호가 서로 다른 시간에 A와 B에 도달한다. 이는 '동시성'이 상대적임을 증명해 준다. 동시성은 사용되는 기준계에 의존한다. 다른 기준계를 선택하면, 동시에 일어나지 않는 사건도 동시성을 갖게 될 수 있고, 그 역도 마찬가지로 성립한다.

누가 먼저 쏘았는가?

특수 상대론에 따르면, 동시성뿐만 아니라 종종 사건의 순서조차도 상대적이다. 예를 들면, 10m 길이의 객차 안에서 B는 앞쪽에, A는 뒤쪽에 서 있다. 객차가 0.6c의 고속으로 역을 통과할 때, 우연히 역에 서 있는 사람

---

* 여기서 우리는 다시 한번 광속이라는 한계 속도와 마주치게 된다. c+v는 광속을 능가하지만, 광속이 한계치라는 사실에는 모순되지 않는다. 광속의 일정성이라는 것은 속도가 관측자에 대해 불변임을 뜻한다. 여기서 c+u는 관측자가 관측한, 빛줄기와 다른 물체 사이의 상대 속도이다. 이것은 광속을 능가할 수 있다.

그림 4-4 | 누가 먼저 쏘았는가?

이 A가 B를 향해 총을 쏘고 1.25×10^{-8}초 후에 B가 A를 향해 응사하는 것을 본다. 따라서 이 사람이 본 것은 A가 먼저 총격을 가했다는 것이 된다. 그러나 객차 안에 있는 승객들은 순서가 거꾸로 된 사건을 목격한다. 즉, 이들이 볼 때는, B가 먼저 쏘고 나서 10^{-8}초 후에 A가 응사했다는 것이다.

그렇다면 도대체 누가 먼저 쏘았는가? 절대적인 답은 없다. 이 특별한 경우에는 심지어 사건의 순서조차도 상대적이다. 객차를 기준계로 사용한다면, B가 먼저 쏘고 A가 나중에 쏘았다. 기차역이 기준계로 사용된다면, A가 먼저 쏘고 B가 나중에 쏘았다.

원인과 결과

앞의 예는 몇몇 독자들에게 당연히 의혹을 불러일으킬 것이다. 만약 사건의 순서가 상대적이라면, 어떤 좌표계에서는 사람들이 누군가가 탄생하

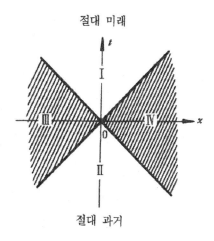

절대 미래

절대 과거

그림 4-5 | 원추형 도표. 사건 O는 영역 Ⅲ과 Ⅳ에 있는 어떠한 사건과도 인과 관계를 형성할 수 없지만, Ⅰ과 Ⅱ의 사건들과는 인과 관계를 형성할 수 있다

기 전에 이미 그의 죽음을 목격한다든지, 혹은 기차가 출발하기도 전에 다음 역에 도착하는 것을 먼저 목격할 수도 있다는 말인가? 좀 더 일반적으로 말해서, 원인은 항상 결과에 앞서기 때문에, 사건 순서의 변경이 결과가 원인에 앞서는 것과 같은 혼란을 일으킬 것인가?

이 문제를 명확히 하기 위해 다음 도표(그림 4-5)를 보자. 수평축은 공간 좌표 x를, 수직축은 시간 좌표 t를 나타낸다. 사건이 원점에 위치하고 있다면(즉, x=t=0), 그 사건에 의해 방출되거나 그곳으로 되돌아오는 빛의 세계선은 45° 기울어진 두 개의 직선이다(광속 c=1로 놓는다면). 이 직선들에 의해 전체 평면은 4개의 원뿔형 영역으로 나누어진다. 여기서, 원점의 사건 O는 영역 Ⅰ과 Ⅱ에 있는 어떤 사건과도 연결될 수 있지만, 광속을 능가하지 못하는 신호로는 영역 Ⅲ과 Ⅳ에 있는 어떤 사건과도 도저히 연결할 수가 없다.

광속이 한계 속력이므로, 사건 O는 어떠한 신호로도 영역 Ⅲ 과 Ⅳ에 있는 사건과 연결할 수 없다. 어떠한 신호로도 연결될 수 없는 두 사건은 서로에게 원인─결과의 관계(인과 관계)가 성립될 수 없다. 따라서 이러한 사건들에 관한 한, 선후에 대한 상대성은 인과 관계와는 전혀 무관하다. 반면에, O는 신호에 의해 영역 Ⅰ과 Ⅱ에 있는 어떤 사건과도 연결될 수 있고, 따라서 이 사건들에서의 먼저냐 나중이냐의 순서는 상대성을 갖지 못하며, 결과적으로 어떤 경우에도 인과 관계에 모순되지 않는다.

사건 O에 대해서 영역 Ⅱ는 절대 과거가 되고, 반면에 영역 Ⅰ은 절대 미래이다. 이 선후의 순서는 기준계의 선택에 의해 바뀌지 않는다. 즉 그것은 절대적이다. 따라서 특수 상대론은 인과 관계를 만족시킨다.

뉴턴의 물리학에서는, 두 사건 간의 인과 관계의 전제 조건이 무엇인가에 대해 명시된 바가 없다. 아인슈타인의 물리학은 이에 대해 이렇게 설명한다: 두 사건이 인과 관계를 갖기 위한 전제 조건은 그들이 광속을 능가하지 않는 신호에 의해 연결될 수 있어야 한다*. 이제 앞에서 논의했던 A와 B 사이의 충격 사건으로 돌아가 보자. A와 B는 이 필요조건을 만족하지 않기

---

* A 지점과 B 지점에서 사건이 각각 발생한 경우에, 두 사건이 발생한 시간 차이가 서로 빛으로 신호하는 데 걸리는 시간보다 작다면, 이 두 사건은 원인과 결과의 관계가 형성되지 않는다. 따라서 이러한 경우에는, A와 B 사건의 순서가 바뀌더라도 그것이 인과 관계의 순서를 바꾸는 것이 아니다. 인과 관계가 형성되려면, 가령 A에서 발생한 사건이 신호에 의해 B에 전달된 후에 B에서 사건이 발생해야만 한다.

때문에 10^{-8}초 정도의 시간 동안에 빛이 갈 수 있는 거리는 10m가 채 못 된다), A와 B의 사격의 선후 순서는 상대적이다.

여기서 우리는 속도 c의 중요성을 다시 한번 알게 된다. 바로 광속의 일정성으로 인해 인과 관계가 형성될 수 있고, 인과의 순서도 뒤바뀌지 않는다.

이제 고전 역학에서 상대론으로 바뀌어 가면서 생겨나는 차이점들을 간단하게 요약해 보자. 다음 표에서 '절대적'이라 함은 좌표계의 선택에 따라 변하지 않음을 뜻하고, '상대적'이라 함은 좌표계의 선택에 따라 변함을 뜻한다.

	고전 역학	특수 상대론
광속	상대적	절대적
동시성	절대적	상대적
물리적으로 연결될 수 없는 두 사건의 순서	절대적	상대적
물리적으로 연결될 수 있는 두 사건의 순서	절대적	절대적

제5장

막대와 시계의 상대성 및 절대성

뉴턴의 시공 개념에서 시간과 공간

제4장의 마지막 부분에 주어진 상대성 및 절대성의 분류표에는 단계적으로 몇 개의 새로운 내용이 첨가할 수 있겠다. 뉴턴의 시공간에는 또 다른 두 개의 절대 개념이 포함되어 있는데, 그것은 바로 막대 길이와 시간 간격이다.

어떤 사람이 그의 시계로 1분이라는 시간이 경과하는 것을 보고 있을 때, 그는 자연스럽게 시계가 놓여 있는 지점의 운동 조건에 상관없이 세상의 모든 시계로도 같은 시간이 경과할 것이라고 생각할 것이다. 이것이 시간 간격의 절대성이다.

마찬가지로, 어떤 직선 막대의 길이가 임의의 기준계에서 1피트로 측정되었다면, 다른 어떤 기준계에서도 1피트로 측정될 것이다. 이것이 막대 길이의 절대성이다.

시간 간격과 막대 길이의 절대성은 뉴턴의 시공 개념에서 매우 중요한 역할을 하고 있지만, 상대론에서는 상대적인 것으로 변한다.

움직이는 시계는 천천히 간다

제2장에서 이미 우리는 시간을 측정할 수 있는 장치는 어느 것이나 일종의 시계라고 했다. 광속의 불변성을 이용하여 우리는 일종의 레이더 시계를 만들 수 있는데, 그 간략한 구조를 〈그림 5-1〉에 나타냈다.

이 장치는 레이더 방출기와 금속 반사판 등으로 되어 있고, 이들 사이의 거리는 d이다. 반사판에서 반사된 레이더 신호는 방출기에 있는 안테나

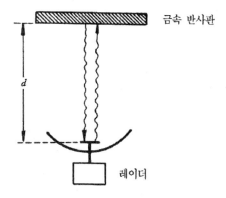

금속 반사판

d

레이더

그림 5-1 | 레이더 시계의 구조

에 의해 다시 수신된다. 왕복 거리가 2d이고 레이더 신호의 속도가 c이므로, 왕복에 걸리는 시간은 T = 2d / c이다.

레이더 시계를 사용하여 어떻게 시간을 측정할 것인가? 어떤 과정이 완료되는 동안에 레이더 신호가 다섯 번 왕복했다면, 우리는 이 과정이 5T의 시간만큼 걸렸다고 한다. 세 번의 왕복을 마쳤다면 물론 3T의 시간이 걸렸다고 한다. 다시 말해서, 신호가 한 번 왕복하는 데 걸리는 간격을 기본 단위로 하여 임의의 시간 간격을 측정하는 것이다.

이제 A와 B가 각각 레이더 시계를 하나씩 가지고 있다고 하자. A와 B는 서로 상대적인 정지 상태에 있을 때 각자의 시계를 서로 같은 시간에 맞춘다. 그리고 나서, A는 왼쪽으로 움직이고 B는 오른쪽으로 움직이도록 하여, 이들에게 상대적인 운동을 하도록 한다. 그렇게 되면 이들은 각각 어떤 현상을 발견할 것인가?

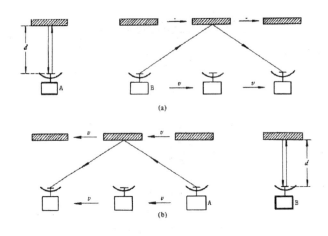

그림 5-2 | 움직이는 시계는 천천히 간다

　먼저 A에 대해 살펴보자. A는 자신이 정지해 있다고 보게 되고, 그의 시계도 역시 정지해 있다고 보게 된다. 그의 눈으로는, 자기 시계에서 예전과 다른 어떤 변화도 전혀 발견하지 못하게 된다(바로 살비아티의 배에 있는 물체들과 같이). 한편, A가 보기에는 B와 B의 시계가 오른쪽으로 움직이고 있고, B의 시계에서 신호의 방출 — 반사 — 수신의 과정이 이루어지는 동안에 반사판과 안테나 등이 계속 움직이고 있어서, 신호가 기울어진 경로를 따르는 것을 보게 된다[그림 5-2(a)]. 따라서 A의 눈에는 B의 시계에서의 왕복 거리가 2d보다 더 길게 보인다. 그러나 광속의 일정성으로 인해 A의 시계에서 나온 신호이든 B의 시계에서 나온 신호이든 그 속력은 똑같이 c이다. 그러므로 A가 보기에는, 자기 시계에서 한 번의 신호 왕복이 이루어지는 동안에 B의 시계에서는 아직 신호의 왕복이 완료되지 않아, A는 'B

의 시계는 내 시계보다 느리다'라는 결론을 내리게 된다.

이제 만약 B가 이상의 모든 드라마를 살펴본다면, 모든 것이 뒤바뀌게 된다. B는 자신이 정지해 있고 A가 왼쪽으로 이동하고 있다고 볼 것이다 [그림 5-2(b)]. B의 시계에서의 신호의 왕복 거리는 $2d$가 되고, A의 시계에서는 신호가 왕복하는 경로가 기울어진 선이 되어 $2d$보다 길어진다. 따라서 B는 A의 시계가 내 시계보다 천천히 간다'라는 결론을 내리게 된다.

그렇다면 이들 중 과연 누가 옳은가? 둘 다 옳다. 이들의 결론은 외형상 서로 모순되어 보이지만, 사실은 일치한다. 이들의 공통된 결론은, 움직이는 시계는 천천히 간다는 것이다. A의 관점에서는 B가 움직이고 있고, B의 관점에서는 A가 움직이고 있다. 따라서 이들은 각기 상대편의 시계가 천천히 가고 있음을 목격하게 된다.

어떤 사람은 이 결론의 보편성에 회의적일지도 모른다. 그런 사람들은 레이더 시계를 사용한 것이 잘못이라고 생각한다. 그들은 A와 B 사이의 상대 속도에 상관없이 같은 빠르기를 갖는 '좋은' 시계가 조만간 만들어질 수 있다는 견해를 갖는다. 놀랍게도, 그런 '좋은' 시계가 정말로 존재한다면 살비아티의 배는 혼돈의 세계가 되어 버릴 것이다.

이때, 그 거대한 배 안의 시계들은 '좋은' 시계와 '나쁜' 시계로 분류될 수 있다. 배가 정지해 있을 때는 모든 시계가 같은 빠르기를 갖는다. 그러나 배가 이동하기 시작하면, 어떤 시계들은 빨리 가고 나머지는 천천히 가게 될 것이다. 그렇게 되면, 우리는 이 두 가지 부류의 시계들의 동향을 관찰함으로써 살비아티의 배가 정지해 있는지 아니면 움직이고 있는지를 결정할 수가 있을 것이다. 따라서, 만약 그러한 '좋은' 시계와 '나쁜' 시계들이 정말로 존재한다면, 이는 상대성 원리에 모순될 것이다. 반면에 만약 상대성 원리가 옳다면, 어떤 형태의 시계들이 더 천천히 가게 될 때 이들과 같이 움직이는 다른 형태의 시계들도 같은 비율로 느려지게 될 것이다.

요약하면, A의 관점으로는 B가 움직일 때 B의 레이더 시계뿐만 아니라 생물의 신진대사나 방사능 원소의 붕괴, 동물의 수명 등과 같은 시간의 흐름을 나타내는 모든 다른 과정들도 일제히 느려지게 된다. 시간의 흐름은 절대적이 아니다. 즉 운동이 시간의 흐름의 경과를 바꿔 버린다.

뮤온의 수명

수명도 일종의 '시계'로 사용될 수 있다. 우리가 일상적인 이야기에서 자주 듣는 한 세대의 기간이라는 것도 일생이라는 시계에 의해서 측정된 지속 시간을 말한다. 따라서 일생도 역시 절대적인 것이 아니다. 사물의 수명도, 다른 기준계에서 보게 되면 그에 따라 달리 보이게 된다. 실제로 이것은 옳은 말이다.

뮤온(muon: μ-중간자)이라 불리는 불안정한 입자가 있다. 그 수명은 매우 짧아, 생성에서 붕괴에 이르는 시간이 2마이크로초(2×10^{-6}초)밖에 되지 않는다. 이 때문에, 뮤온이 설사 광속으로 이동한다고 해도 그 도달 거리는 $2 \times 10^{-6} \times c \approx 600m$ 정도일 뿐이다. 하지만, 우주선(線)의 연구에서 나타난 바로는, 고공에서 생성된 뮤온이 지상에까지 도달하고 있는데, 그 거리는 600m를 훨씬 능가하고 있다는 것이다. 어떻게 이런 일이 있을

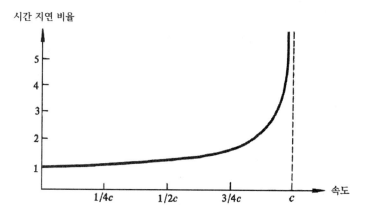

그림 5-3 | 움직이는 물체의 속도와 시간 지연과의 관계

수 있을까? 움직이는 시계는 느려진다는 현상이 아마 이 수수께끼의 실마리를 쥐고 있을지 모른다.

고속으로 움직이는 생명 '시계'도 다른 모든 시계와 같은 방법으로 느려진다. 그래서 고속으로 이동하는 뮤온의 수명도 2×10^{-6}초를 훨씬 능가하게 되어 도달 거리도 역시 600m를 훨씬 초과하게 된다.

〈그림 5-3〉에는, 움직이는 물체의 속도에 따라 시간이 느려지는 비율이 나타나 있다. 수평축은 물체의 속도를 나타내고, 수직축은 움직이는 시계에서 1초가 경과할 때 정지해 있는 시계에서는 몇 초가 흘렀는가를 보여 주고 있다. 예를 들면, 0.6c의 속도로 움직이는 시계에서 1초가 지났을 때 정지해 있는 시계로는 1.25초가 흘렀다는 것이다. 그림에서 명확히 볼 수 있는 것은, 속도가 광속에 가까워질 때만 정지해 있는 관측자의 눈

으로 본 수명 연장의 효과가 현저해진다는 것이다. 속도가 광속과 같아지면, 정지해 있는 관측자의 눈에는 이처럼 움직이는 사람의 수명이 무한대가 되는 것을 목격할 것이다. 여기서 우리는 또다시 광속이 한계 속도임을 알게 된다.

쌍둥이 역설

사람도 뮤온과 마찬가지로 한정된 수명을 가지고 있다. 길게 보아 100년이라고 하자. 움직이는 시계가 천천히 간다는 사실을 고려하지 않는다면, 비록 어떤 사람이 광속으로 나는 로켓을 타고 여행을 한다고 할지라도 100광년의 거리를 벗어나지 못해, 멀리 있는 별이라든가 은하계 등에는 도저히 도달할 수 없게 된다. 그러나 실제로 광속의 로켓에 탄 사람의 수명은 지구상의 사람이 보기에는 엄청나게 연장되어, 이 사람의 여행이 100년이 훨씬 넘게 계속될 수 있다. 반면에, 로켓 안의 사람이 보기에는 지구가 자신으로부터 멀어져 가고 있을 것이다. 따라서 그가 볼 때는 지상의 사람들의 수명이 연장되어, 지구와 로켓 간의 거리가 100광년 이상이 되었을 때도 지상의 형제들은 아직 살아 있을 것이라고 생각하게 된다.

여기서 우리는 또 하나의 난관에 직면하게 된다.

A와 B가 쌍둥이 형제라고 하자. 이들은 특수 상대론의 타당성을 확인하기 위해 고속 우주여행을 계획했다. A는 발사 기지에 남고, B는 외계로 왕복여행을 떠난다. 우주선이 돌아왔을 때 A가 B보다 더 젊을까, 아니면 그 반대일까? 여기에 두 가지 해답이 있다. (1) A가 보기에는 우주선 안의

B의 시계가 느려졌기 때문에, A는 B가 덜 늙었다고 말한다. (2) B가 볼 때는 로켓 발사 기지의 시간이 느려졌으므로, B는 A가 덜 늙었다고 말한다. 여기서, 움직이는 시계가 천천히 간다는 결론이 이러한 딜레마를 해결하는 데 어떠한 도움을 주고 있는가? 이 유명한 수수께끼가 소위 '쌍둥이 역설(Twin Paradox)'이라는 것이다.

그러나 문제의 요점은, B가 출발 지점으로 되돌아와야만 한다는 데 있다. 만약 B의 우주선이 계속 직선 운동을 해나갔다면, 나이의 차이에 대한 문제는 결코 발생하지 않을 것이다. 그러나 B는 되돌아와야 하므로, 직선 왕복 운동을 하거나 큰 원운동을 해야만 한다. 그래서 A의 눈에는 B의 속도가 일정치 않고 변하는 것으로 보인다. 물론, B가 볼 때 자신에 대한 A의 속도 역시 변하고 있다.

움직이는 시계는 천천히 간다는 이론에 따르면, A의 관점에서는 B의 시계가 느려지고 B의 관점에서는 A의 시계가 느려진다는 대칭적인 등식 관계는 오직 A와 B 간의 상대 속도가 변함없이 일정하다는 조건 아래서만 성립한다. 다시 말해서, 두 개의 관성 기준계가 직선상에서 일정한 상대 속도를 유지하고 있을 때만 비로소 이 두 관성 기준계는 서로 동등하다고 말한다. 상대 운동의 속도가 변하게 되면(여기서 속도는 크기와 방향을 갖는 물리량인데, 둘 중 어느 하나만 변해도 속도는 변함), 그러한 종류의 대칭성은 깨지고 만다.

그러나 A와 B 모두 우주 내에 존재하고 있음을 상기하자. 그들 주위에는 수없이 많은 천체물들이 있다. 따라서 쌍둥이 역설에는 A와 B 그리고

그림 5-4 | 쌍둥이 역설

주변 세계라는 세 가지의 요소가 얽혀 있다. 발사 기지에 머물러 있는 한, A는 천체물들의 속도가 일정하다고 본다. 그의 눈에는 오직 B만이 변속 운동을 하는 것으로 보인다. 하지만 B의 관점에서는 다르게 보인다. A뿐만 아니라 우주 전체가 자신에 대해 변속 운동을 하는 것이 된다. 한편에서는 전체 우주요, 다른 한편에서는 단지 우주선이 되어 이것은 명백하게 비대칭적이다. 여기에는 대칭성으로부터 비롯되는 딜레마가 존재하지 않는다. 그렇다면 그들 중 누가 덜 늙었다는 말인가?

1966년에 이들 중 누가 수명 연장의 즐거움을 맛볼 것인가를 결정하기 위한 쌍둥이 역설 실험이 실시되었는데, 이 실험으로 인해 순수 이론적인 논쟁이 곧 종결될 수 있었다. 실험 대상은 사람이 아닌 뮤온이었다. 여행 경로도 외계가 아니라, 지름이 14m인 원을 따라서였다. 뮤온이 임의의 점을 출발하여, 마치 B가 우주여행을 하듯이, 원형 궤도를 따라 출발점으로 되돌아오게 했다. 실험 결과는, 이렇게 되돌아온 뮤온이 출발점에 머물러 있던 뮤온들보다 더 오래 생존한다는 것이다. 우리는 아마 이렇게 결론을 내릴 수 있을 것 같다. 전체 우주에 대하여 변속 운동으로 더 멀리 여행할수록 더 오래 살게 된다.

움직이는 막대는 짧아진다

이제 막대의 길이에 대한 상대성으로 눈을 돌려보자.

마이컬슨―몰리의 실험 이후, 이를 설명하기 위해 1893년에 피츠제럴드(G. Fitzgerald) 1세와 로렌츠(H. Lorentz)는 움직이는 모든 물체에서 그 운동 방향으로의 길이는 짧아진다는 가설을 내놓았다. 이 현상은 나중에 로렌츠—피츠제럴드 수축이라고 불리게 된다. 수축에 대한 피츠제럴드의 정량적인 설명에 의하면, 초당 11m의 속도로 나는 로켓의 경우 그 길이는 20억 분의 1 정도밖에 축소가 안 되지만, 고속 운동에서는 수축 현상이 현저해진다는 것이다. 〈그림 5-5〉에는 운동 상태에 있는 길이 1m인 막대의 길이 축소량이 나타나 있다. 속도가 광속의 반에 이르면 축소량은 15%가 되고, 초당 26만㎞에 도달하면 축소량이 50%가 되어 1m 길이의 막대가 50㎝가 되어 버린다.

특수 상대론에서는 막대의 길이도 상대적이다(기준계의 선택에 의해 좌우됨). 막대의 길이는 로렌츠—피츠제럴드의 가설에서 언급된 것과 같은 방식으로 변한다. 여기서 부가적으로, 길이가 어떤 식으로 측정되는가

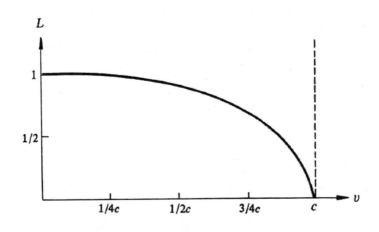

그림 5-5 | 로렌츠 — 피츠제럴드 수축

에 대한 설명을 해 본다. 막대가 임의의 기준계에 대해 정지 상태에 있다면, 막대의 양쪽 끝의 공간 좌표들의 차이로부터 막대의 길이를 측정할 수 있다.

임의의 기준계에 대해 막대가 상대 운동을 하게 되면, 다음과 같은 방법으로 막대의 길이를 측정할 수 있다. 임의의 시간에 두 사람으로 하여금 사진을 찍게 하는데, 한 사람은 막대의 앞쪽 끝을 그리고 다른 사람은 뒤쪽 끝을 찍게 한다. 두 개의 사진이 동시에 찍히게 되므로, 이들을 비교하여 두 사진의 공간 좌표 차이를 확인함으로써 막대의 길이를 얻을 수 있다. 여기에서의 요점은 '동시에 찍힌 두 개의 사진'이다. 시간과 공간에 대한 상대적 개념에서 알고 있듯이, '동시성'이라는 것은 상대적으로 기준계의 선택에 의해 좌우된다. 따라서 좌표계의 선택이 달라지면 사진들도 다른 '동시성'에 맞추어 찍히게 된다. 그러므로 측정에 따라 각기 다른 결과가 나올 것이라는 것은 쉽게 예측할 수 있다.

시간 지연과 마찬가지로 길이의 수축도 대칭적이다. 즉 A와 B 사이에 상대 운동이 존재하면, A가 보기에는 B의 막대가, B가 보기에는 A의 막대가 수축된다. 이러한 결론이 뜻하는 바는, 공간상의 크기도 절대적이 아니라 상대적이라는 것이다.

톰킨스 씨의 오류

톰킨스(Tompkins) 씨는 『문고판 속의 톰킨스 씨』라고 하는 가모프(G. Gamow)의 책 속에 나오는 주인공이다. 이 책의 저자는, 톰킨스 씨가 한계 속도(현실 세계에서의 광속에 해당)가 매우 낮은 신기한 도시에 왔을 때, 그는 갖가지 상대성 효과를 볼 수 있었다고 말한다. 톰킨스 씨는 자신이 빠른 속도로 자전거를 타고 가면서 보니 이 도시가 〈그림 5-6〉에 보이는 것처럼 찌그러져 있었다고 주장했다.

최근 수십 년 동안 물리학자들은 톰킨스 씨가 경험한 것이 맞다고 인정해 왔다. 우리가 광속에 가까운 속도로 움직일 수 있다면, 톰킨스 씨처럼 우리도 납작해진 세계를 볼 수 있을 것이라고 모두 믿고 있다. 움직이는 막대의 상대론적 수축 효과로부터 내려진 이 결론은 퍽 자연스러워 보인다.

하지만 이 결론은 옳지 않다. 움직이는 막대의 수축 현상이 톰킨스 씨가 본 것처럼 세상이 납작해 보일 것이라는 것을 증명해 주지는 않는다. 요점은 막대의 수축 현상이 '동시에 찍힌 사진들'에 의해 관측된다는 것인데, 톰킨스 씨의 목격은 이러한 요구 조건에 위배된다. 우리 눈이 어떤 물체를 본다는 것은, 그 물체 전체에서 방출된 광자(Photon)들이 동시에 우리 눈으로 들어와서 그로 인해 상(Image)이 맺혔다는 것을 의미한다. 따라서 이 광자들이 동시에 방출된 것들이라고 할 수 없게 되는데, 그 이유는 물체의 각 부분과 눈과의 거리가 각기 다르기 때문이다. 관측자로부터 멀리 떨어

---

*   케임브리지 대학 출판사(1965년).

그림 5-6 | 톰킨스 씨의 경험

진 점의 광자들은 더 일찍 방출되어야 하고, 가까운 점의 광자들은 더 나중에 방출되어야만 한다. 이 요구 조건은 막대 길이의 측정에서 '동시성'이라는 요구 조건에 직접적으로 위배된다.

따라서, 톰킨스 씨가 묘사한 광경은 결코 목격할 수가 없다. 그렇다면 어떤 광경이 보일 것인가?

여기 한 변의 길이가 1m인 정육면체를 생각해 보자. 이 정육면체가 정지해 있을 때는, 비교적 먼 거리에서 변 bc에 수직으로 서 있는 관측자의 눈에는 오직 정육면체의 bc 쪽 면만이 보일 것이다. 점 a에서 방출된 빛은 보이지 않게 된다[그림 5-7(a)]. 정육면체가 고속 v로 변 bc의 방향으로 움직이는 경우에는, bc 방향에서 수축 현상이 일어나고 그 길이는 $\sqrt{1-v^2/c^2}$ 미터가 된다[그림 5-7(b)]. 그러나 관측자는 이제 점 a에서

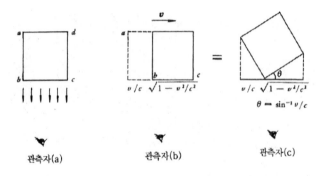

그림 5-7 | 정육면체가 속도 v로 움직이면, 관측자에게는 그것이 회전각 $\theta = \sin^{-1}v/c$만큼 회전된 정육면체로 보일 것이다

방출된 빛도 볼 수 있게 된다. 점 a와 b, 그리고 c 등에서 방출된 빛들이 동시에 관측자의 눈에 도달하게 되므로, 관측자가 본 점 a의 빛은 변 bc의 빛보다 1/c초 먼저 방출된 것이 된다(한 변의 길이가 1m임을 상기할 때, 빛이 1m를 가는 데 걸리는 시간은 1/c초가 됨). 그러나 1/c초 동안에 정육면체는 v/c미터 만큼의 거리를 이동하게 되므로 관측자는 변 ab를 볼 수 있게 된다. 한마디로, 관측자에게 보이는 물체는 다름 아닌 회전된 정육면체인데, 이때의 회전각은 $\theta = \sin^{-1}v/c$이다[그림 5-7(c)].

　　이 예를 통해 막대의 수축 효과로부터 우리가 보게 되는 것은 물체의 회전된 모습이지 납작해진 모습이 아니라는 것을 알 수 있다. 일반적으로, 어떤 모양을 가진 물체이든 속도 v로 이동할 때, 관측자에게 비추어지는 그 물체의 모양은 정지해 있을 때보다 약간 회전되어 보일 따름이지, 납작해 보이지는 않는다는 것을 증명한 셈이다.

로렌츠 변환식

앞서 논의한 것들에서 우리는 상대론의 많은 현상을 다루어 보았다. 이를 통해 우리가 보게 되는 한 가지 공통점은, 같은 사건일지라도 그 시간과 위치가 반드시 두 개의 다른 기준계에서 고려되어야 한다는 것이다. 서로 균일한 상대 운동을 하는 기준계 K와 K′이 있을 때, 동시성의 문제가 되었든 막대 수축과 시간 지연의 문제가 되었든 간에, 사건의 시공간을 한편으로 기준계 K에 대해서 확인을 하고, 다른 한편으로 기준계 K′에 대해서도 확인을 해야 한다. 따라서 이러한 문제들의 핵심은 각 사건에 대해 기준계 K에서의 시공간 좌표와 기준계 K′에서의 시공간 좌표 사이의 관계를 찾아내는 것이다.

여기서 어떤 사건의 기준계 K에 대한 공간 좌표를 x, y, z라 하고, 시간 좌표를 t라 하자. 그러면 이 사건의 기준계 K에서의 공간 좌표 x′, y′, z′과 시간 좌표 t는 어떻게 될까? 문제를 단순화시키기 위해, K와 K′ 사이의 상대 운동이 오직 x축상에서만 일어나고, 이때의 상대 속도를 v라 가정하자(그림 5-8).

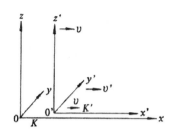

그림 5-8 | 일정한 상대 운동을 하는 두 개의 관성계 K와 K′

광속 불변의 원칙과 상대성 원리에 따라, 좌표 x, y, z, t와 x′, y′, z′, t′ 사이의 다음과 같은 변환식을 얻을 수 있다.

$$x' = \frac{x - vt}{\sqrt{1 - v^2/c^2}}$$

$$y' = y$$

$$z' = z$$

$$t' = \frac{t - \frac{v}{c^2}x}{\sqrt{1 - v^2/c^2}}$$

이 방정식들이 잘 알려진 로렌츠 변환식이다.

로렌츠 변환식은 특수 상대론 역학에서의 핵심적인 역할을 한다. 이 방정식들에서 우리는 앞서 논의해 온 상대성 효과들의 정량적인 관계식을 쉽게 유도해 낼 수 있다. 예를 들면, 정지 상태에서 길이가 L0인 막대가, 관측자에 대해 v의 속도로 움직일 때는 그 길이가 $L = L_0\sqrt{1 - v^2/c^2}$ 이 된다. 유사하게, 관측자에 대해 v의 속도로 움직이는 시계에서 $\Delta t'$의 시간이 흘렀을 때, 정지해 있는 다른 시계들은 $\Delta t' = \Delta t'/\sqrt{1 - v^2/c^2}$ 을 가리키고 있을 것이다. 〈그림 5-3〉과 〈그림 5-4〉는 이 식들에 의거하여 고안되었다.

로렌츠 변환식에 대해 좀 더 언급해 보자. 일상적인 조건 하에서는 항상 물체의 이동 속도가 광속에 비해 매우 작다. 따라서 광속 c를 무한대로 간주하면, 위의 방정식들은

$$x' = x - vt$$

$$y' = y$$

$z' = z$

$t' = t$

등이 될 것이다.

이 방정식들은 흔히 갈릴레오 변환식이라고 불리며, 뉴턴 역학에서의 시공 개념의 기초가 된다. 갈릴레오 변환식으로부터 시간 간격과 물체 길이의 절대성을 쉽게 유도해 낼 수 있다. 한편으로 t'=t는 동시성의 절대성을 의미하고 있다. 갈릴레오 변환식은 로렌츠 변환식의 근삿값에 불과하며, 로렌츠 변환식이 더 광범위한 현상들에 적용되고 있다. 다시 말해, 뉴턴 역학과 비교하여 특수 상대론이 자연을 더 정확히 묘사하고 있다.

제6장

역학 문제

아리스토텔레스의 역학

역학은 물체의 운동의 원인을 연구하는 분야이다. 간단히 말해서, 역학은 물체가 왜 운동을 하며 왜 이런 방식으로는 운동을 하고 저런 방식으로는 운동을 하지 않는가 등에 대한 답을 준다.

일상 경험으로부터 이러한 문제들에 대한 답을 얻어내기란 그리 어렵지 않은 것 같다. 걸어갈 때 우리는 자신의 힘을 쓴다. 마차는 말이 끌기 때문에 움직이고, 비행기는 엔진의 추진력으로 난다. 이들을 관찰해봄으로써 우리는 운동의 원인이 힘이고, 힘이 없이는 운동이 일어나지 않으며, 힘이야말로 운동의 결정적인 요인이라는 생각을 갖게 된다. 근본적으로 이러한 생각은 옳다. 하지만, 다음 문제는 어떤 방식으로 힘이 운동의 특성을 결정짓느냐 하는 데 있다.

아리스토텔레스는 이 질문에 대해, 힘이 움직이는 물체의 속도를 결정한다는 대답을 제시했다. 실제로, 마차를 빨리 끌려면 더 많은 말이 필요하거나 더 힘이 센 말들로 바꿔 주어야 한다. 따라서 힘이 세지면 속도도 커지고 힘이 약하면 속도도 작아진다. 힘이 전혀 작용하지 않으면 속도는 0이 되어 버린다(즉, 물체는 움직이지 않음). 이것이 아리스토텔레스의 역학 법칙이다.

운동하는 물체는 영원히 운동한다

아리스토텔레스의 역학 법칙은, 비록 피상적이기는 하지만 많은 일상적인 현상들을 설명할 수 있기 때문에, 중세 유럽에서는 종교 사회나 세속 사회를 막론하고 모두 이 법칙을 하나의 신조로 간주했었다.

이 법칙을 최초로 반박하고 나선 사람은 역시 갈릴레오였다. 그가 처음 지적한 것은 모든 물체는 각기 일정한 관성(Inertia)을 갖는다는 것이었다. 예를 들면, 빠르게 움직이던 마차에서 말을 제거해 버리고 나서도 마차가 정지하기까지는 어느 정도의 시간이 걸린다.

이 현상은 아리스토텔레스의 역학으로는 설명이 불가능하다. 아리스토텔레스의 역학에 의하면, 마차를 끌어당기는 힘이 없어지자마자(즉, 말을 제거해 버림) 움직이던 마차의 속도가 곧바로 0이 되어 버릴 것이다(즉, 마차가 갑자기 멈추게 된다). 따라서, 말이 마차를 끄는 것을 멈추는 순간부터 마차가 완전히 정지할 때까지의 이 마차의 운동 원인은 견인력으로 볼 수 없고, 무엇인가 다른 요인에서 비롯된다고 볼 수 있다. 이 다른 무엇이라는 것이 바로, 물체가 원래의 운동 상태를 계속 유지하려고 하는 내재적인 성향인 물체의 관성이라는 것이다.

하지만 관성에 의한 이 운동이 얼마나 오랫동안 지속될 수 있는가? 마차가 곧 정지되는 것으로 보아, 관성으로 인해 일어나는 운동은 오직 제한된 시간 동안만 지속되는 것 같다. 이것은 아직 아리스토텔레스 역학에 대한 미완성의 수정에 불과하다.

갈릴레오는 여기서 멈추지 않고, 하나의 이상적인 실험 분석에 들어갔다. 이 실험에서는 매끄러운 경사관과 그 위를 구르는 작은 공이 사용된다(그림 6-1). 경사각이 작을수록(또는 경사관이 길수록), 중력에 의해 공에 작용되는 견인력도 작아진다. 경사각이 0이 될 때(즉, 판이 수평으로 놓여

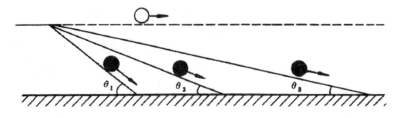

그림 6-1 | 운동하는 물체는 영원히 운동한다는 것을 입증할 수 있는 한 이상적인 실험

그 길이가 무한대가 될 때) 수평상의 견인력도 0이 된다. 표면이 매우 매끄러운 경사판(경사각이 0이 아닌) 위에서는 작은 공이 항상 굴러 내리게 된다. 공이 경사판 위를 구르기 시작할 때 경사각이 0이 되도록 해주면, 이제는 이 공에 아무런 견인력이 작용하지 않음에도 불구하고 공은 무한대의 거리를 가게 된다. 다시 말해서, 이 공은 외력이 없이도 항구적인 운동을 할 수 있다는 것이다. 이때 이 공의 운동은 오직 관성에 의한 것이다. 그러므로 관성은 물체의 운동을 영원히 지속시킬 수 있다. 마차가 한정된 사간 내에 정지해 버리는 것은 지면과 마차 간의 마찰 때문이다. 이상적인 실험에서처럼 지면이 경사판같이 매우 매끄러운 경우라면, 마차도 영원히 움직일 것이다.

이것이 갈릴레오 역학에서의 관성의 법칙이자 '운동하는 것은 영원히 운동하려 한다'라는 유명한 이론이다. 이 이론을 더 정확히 표현하면, 외력이 작용하지 않는 한 물체는 운동 상태를 계속 유지하려 하며 운동 속도는 증가하거나 감소하지 않는다고 할 수 있다.

이것은 속도가 힘에 의해 좌우된다는 아리스토텔레스 역학을 완전히 부정하고 있다. 관성의 법칙에 근거한 역학에서는, 외력이 없이도 물체는 어떤 속도든지 가질 수 있고 영원히 그 상태를 유지할 수 있다고 되어 있다.

그렇다면 힘이 어떤 식으로 물체의 운동에 영향을 미친다는 말인가? 갈릴레오는 이 질문에 대한 대답을 하지 않았다.

뉴턴의 역학 법칙

앞의 질문에 대한 대답을 한 사람은 뉴턴이다.

뉴턴의 개념은, 힘이 미치는 영향은 물체 속도를 결정하는 것이 아니라 속도를 변화시킨다는 것이었다. 힘이 세면 셀수록 변화율도 커지고, 힘이 약할수록 변화율도 작아진다. 힘이 작용하지 않을 때는 속도가 일정하게 유지된다. 마지막에 지적된 것은 바로 갈릴레오의 관성 법칙이다.

뉴턴은 속도의 변화율을 설명하기 위해 가속도라는 개념을 도입했다. 그의 역학 법칙에 따르면, 어떤 물체에 작용하는 힘은 그 물체의 가속도에 비례하며, 이때의 비례 상수가 그 물체의 관성 질량이다. 공식을 써서 표현하면

$ma = f$

가 되며, 여기서 f는 물체에 작용한 외력을 나타내고, a는 물체의 가속도, 그리고 m은 물체의 관성 질량을 뜻한다.

따라서 뉴턴 역학에 의하면, 어떤 정해진 물체(즉, m이 정해짐)에 대해서는 가속도가 외력에 직접 비례하고, 어떤 정해진 외력(즉, f가 정해짐)에 대해서는 질량이 커지면 가속도가 작아지게 된다.

다음 표에는 아리스토텔레스에서 뉴턴에 이르기까지의 운동 법칙에 대한 인식의 변화가 설명되고 있다.

	힘과 운동과의 관계	방정식
아리스토텔레스	힘이 속도를 결정함	v는 f의 함수
갈릴레오	관성이 일정한 운동을 유지함	f=0이면 v는 일정
뉴턴	힘이 가속도를 결정	a=f/m

상대론이 발전하기 전까지는 뉴턴의 역학 법칙이 영구적인 진리인 것처럼 간주되었다. 상대론의 진전 이후에야 비로소 앞의 표에 약간의 새로운 내용이 추가될 수 있었다.

뉴턴 역학과 한계 속도인 광속 사이의 모순

뉴턴 역학에 따르면, 일정한 힘이 물체에 가해지면 일정한 가속도를 얻게 된다. 즉 물체의 속도가 단위 시간당 일정량씩 증가(또는 감소)한다는

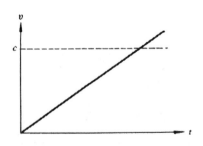

그림 6-2 | 뉴턴 역학에 의하면, 일정한 힘이 작용하면 물체의 속도는 대수적으로 증가할 것이다

뜻이다. 이러한 관계를 나타내는 다음 〈그림 6-2〉을 참고하기 바란다. 그림에서 수평축은 시간을 나타내고, 수직축은 속도를 나타낸다. 외력이 일정하게 작용하면 속도는 대수적으로 증가한다. 따라서 외력이 충분히 오랫동안 작용하게 되면, 물체의 속도는 궁극적으로 광속(그림에서 점선)을 능가하게 될 것이다. 이런 이유로, 뉴턴 법칙은 시간과 공간의 상대성 개념과는 모순된다. '일정한 힘은 일정한 가속도를 결정한다'라는 것은 상대론에서는 명백히 옳지 않다.

관성 질량은 속도에 따라 변한다

광속이 한계 속도여야 한다는 요구에 의해 역학 법칙은 분명히 다음의 특성을 가지고 있음이 틀림없다. 즉 외력을 받고 있는 물체의 속도가 광속에 접근할수록 그 외력에 의해 형성되는 가속도는 더욱 작아지게 된다. 물체의 속도가 광속과 거의 같아지면, 물체에 외력이 계속 작용해도 더 이상 가속되지 않게 된다. 따라서, 아무리 오랫동안 외력이 작용해도 물체의 속

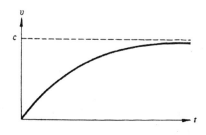

그림 6-3 | 상대론에 의하면, 일정한 외력이 작용할 때 물체의 속도 변화는 점차 작아지며, 결국
에는 광속 c로 꾸준히 접근할 것이다

도는 광속을 능가할 수 없게 되는 것이다. 앞에서처럼 속도—시간의 도표를 그려 보면, 일정한 외력이 작용할 때 물체의 속도는 〈그림 6-3〉과 같이 변할 것이다. 처음에는 가속도가 뉴턴 역학에 의해서 계산된 것과 같지만, 점차 감소하여 결국 속도가 c에 안정적으로 접근하게 된다.

관성 질량이 외력을 가속도로 나누었을 때의 비례 상수로 정의된다면, 즉

$$m = \frac{f}{a}$$

이라면, 상대론에서의 관성 질량은 이제 일정한 값이 아니라 속도에 따라 다른 값을 갖게 된다(뉴턴 역학에서는 속도에 상관없이 일정한 f에 대해 a도 일정하므로 m도 일정하지만, 상대론에서는 f가 일정하더라도 속도가 변하면 a도 변하므로 당연히 m도 변함). 속도가 커지면 관성 질량도 커진다. 속도가 광속에 접근하게 되면 관성 질량은 무한대에 접근한다. 속도가 0에 가까울 때만 뉴턴 역학에서의 관성 질량과 같아진다. 특수 상대론에서는 이에 대한 정량적인 관계식이

$$m = \frac{m_0}{\sqrt{1 - v^2/c^2}}$$

이 되며, 여기서 v는 물체의 속도이고, m_0는 물체가 정지해 있을 때의 질량이다. 〈그림 6-4〉에는 관성 질량과 속도 사이의 관계가 그려져 있다. 이 그림에서 볼 수 있는 것은 v가 c에 접근하면 m이 v의 변화에 매우 민감해진다는 것이다.

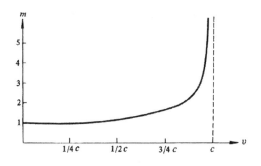

그림 6-4 | 속도가 증가하면 질량도 증가한다

관성＝에너지; 신기원의 초석

이제 앞서 언급한 문제를 에너지의 관점에서 분석해 보자. 뉴턴의 역학에서는, 어떤 힘 f가 물체에 작용하면, 일반적으로 그 힘은 물체에 일을 하게 되고, 그 일은 물체의 운동 에너지로 변환된다는 것을 우리는 알고 있다. 힘이 작용하는 시간이 길면 길수록 물체는 그만큼 더 멀리 가게 되고, 속도도 더 커지며, 따라서 물체의 운동 에너지도 더 커지게 된다.

그러나 특수 상대론에 의하면, 힘 f가 계속 작용한다 해도, 마침내는 물체의 속도가 증가하지 않게 되는데(가속도가 0에 접근하기 때문에), 그렇다면 이때 힘 f가 하는 일은 어떤 종류의 에너지로 전환된다는 것인가?

앞서 논의했듯이, v가 c에 접근하면 v의 변화는 거의 없지만(그림 6-3), 이때 m의 변화는 매우 현저해진다(그림 6-4). 다시 말해서, v가 c에 접근하게 되면, 외력 f에 의한 v의 증가는 거의 없지만 물체의 관성 질량은 증가한다. 힘의 작용 시간이 길어질수록, 물체의 주행 거리도 길어지고 질량도 더욱 커지게 된다(예에는 상한선이 없기 때문에). 따라서, 물체의 에너지 증가와 관성 질량 m의 증가와는 서로 연관이 되어 있다. 다시 말해, 관성 질량의 크기는 에너지의 크기를 의미한다는 것이다. 이것이 특수 상대론에서 추론된 또 하나의 매우 중요한 결론이다.

아인슈타인은 1905년에 특수 상대론에 관한 첫 논문을 발표하고 나서 3개월 뒤에, 2천 단어도 채 되지 않는 또 다른 논문을 썼는데, 여기에는 관성 질량과 에너지 사이의 관계를 다루었다. 논문의 제목이 독특한데, 물리학의 표준 용어를 사용하지 않고 설명해 보면, 그것은 'Laziness(물체의 관성)는 그 Agility(에너지양)에 의존하는가?'가 되겠다. 우연히도, 독일어에서의 laziness(영어에서는 게으름)와 관성은 같은 단어이고, agility(영어에서는 민첩함)는 에너지와 같은 단어이다.

그의 대답은, 물체의 관성은 에너지의 크기라는 것이다. 철학의 운치를 뺨치고도 남는 이 과학적 주장이 곧 신기원의 이정표라고 극찬받아 온 그 유명한 방정식,

$$E = mc^2$$

이다. 여기서 E는 물체의 에너지이고, m은 그 질량(관성)이며, c는 광속이다. 이로부터 물체의 에너지가 증가하면 그 질량도 비례적으로 증가한다는 것을 알 수 있다.

뉴턴의 역학에서는, 질량과 에너지 사이에는 아무런 상관관계가 없다. 상대론적 역학에서는, 에너지와 질량은 같은 역학적 특성이 두 개의 다른 모습으로 나타난 것에 불과하다. 외형상으로는 각기 전혀 다르게 보이는

것들 사이의 내재적인 관계를 탐구하는 것이 자연 과학에서의 영원한 주제인 것이다.

앞의 방정식을 통해, 심지어 물체가 정지해 있는 경우에도 물체의 에너지가 0이 아니라는 것을 알 수 있다. 즉 $E_r = m_0c^2$이 되며, 이것을 정지 에너지라고 부른다. 뉴턴 역학에서는 오직 운동 에너지나 위치 에너지 등과 같은 에너지들만 알려져 있고, 정지 에너지 같은 형태의 에너지에 대해서는 전혀 언급된 적이 없다. 정지 에너지는 상대론적 시공 개념의 진전을 통해 발견된 에너지의 한 형태이다.

정지 에너지는 그 크기가 실로 막대하다. 일반적으로, 물체의 정지 에너지는 그 화학 에너지(화학 반응으로부터 나오는 에너지)에 비해 수억 배 정도에 달한다. 정지해 있는 물체에도 잠재해 있는 이 활력을 이용할 수 있게 되면 에너지원이 고갈되는 경우는 결코 없을 것이다. 핵물리학의 발전으로 인해 이 정지 에너지를 이용하는 몇 가지 방법이 발견되었는데, 그중의 하나가 원자로이다. 현재는 많은 국가들이 제어된 열핵 반응(열핵 반응이란 고온에 의한 핵융합 반응을 뜻하며, 제어된 반응은 산업용 에너지 공급에 이용할 수 있는데, 이는 아직도 연구 단계에 있고, 일시에 일어나는 반응의 경우를 핵폭발이라 하며, 수소 폭탄 등의 폭발이 이에 해당됨)의 연구에 박차를 가하고 있는데, 이것 또한 정지 에너지를 활용할 수 있는, 전망이 밝은 방법 중 하나이다.

우리가 이미 걸어 온 여정을 한번 회고해 보자. 동시성이 상대적인가 또는 절대적인가 하는 철학적인 문제로부터 통제된 열핵 반응의 기술적인 문제에 이르기까지, 이 모든 것들을 밀접하게 연결해 주는 통로는 특수 상대론이라는 토대 위에 놓여 있다. 만약에 이 세상의 어떤 진리가 그토록 많은 철학적 사고와 물리학적 인식 그리고 기술적 적용 등을 단 하나의 간단한 표현식에 다 쏟아 넣어, 그로 인해 지혜의 거대한 잠재력을 정말 감동적으로 보여 왔던 경우가 있다고 한다면, 아직까지 가장 좋은 견본이 바로 $E=mc^2$ 이라고 하겠다.

제7장

피사의 사탑에서 일반 상대론까지

피사의 사탑에서의 실험

여러 가지 힘 중에서도 인간이 가장 먼저 관심을 갖게 된 것은 지구가 끌어당기는 힘인 중력이다. 지구는 그 표면 주위의 모든 물체에 인력을 작용하여 이들을 끌어당기려 한다. 따라서, 인간은 고대로부터 이 힘의 특성에 대하여 관심을 가져왔던 것이다.

이것도 역시 아리스토텔레스로부터 시작해야 될 것 같다. 아리스토텔레스는 그의 역학 이론에서 중력의 특성에 대하여 다음과 같이 기술하고 있다―질량이 다른 두 개의 물체가 중력에 의해 떨어진다고 할 때, 무거운 물체가 가벼운 물체보다 더 빨리 떨어진다. 예를 들면, 크기가 같은 나무공과 쇠공을 같은 높이에서 동시에 떨어뜨린다면 쇠공이 나무공보다 먼저 지면에 떨어질 것이라는 것이다. 어찌 되었든, 아리스토텔레스가 이를 실험해 보았던 것은 아니다. 당시에는 실험 결과를 이론과 비교해 보는 방법이 아니라 사색에 의한 방법으로 자연을 인식하는 것이 일반적이었다.

아리스토텔레스의 주장이 옳으냐 그르냐의 문제는 사색에 의한 방법으로 완전히 풀릴 수 있는 것은 아니다. 이 주장에 대해 신중하게 분석해 본 최초의 사람이 갈릴레오다. 그는 실제로 아리스토텔레스의 이론을 시험하기 위한 실험을 한 것으로 알려져 있다.

그의 실험은 피사의 사탑 꼭대기에서 이루어졌다*(그림 7-1). 이 실험에

---

* 일부 과학 역사가들의 연구에 따르면, 갈릴레오는 알려진 바와는 달리 피사의 사탑에서 실험을 한 적이 없다. 그는 실제로 사탑에서가 아닌 단순한 경사면을 이용하여 실험을 했으며, 그 결과 비록 다른 물질로 된 공이라 할지라도 경사면을 따라 내려오는 데 걸리는 시간은 같다는 것

서 갈릴레오는 여러 종류의 물체가 탑 꼭대기로부터 지면에 떨어지는 데 걸리는 시간이 각기 어떻게 다른가를 알아보고자 했다. 그가 발견한 것은, 어떤 것은 빨리 또 어떤 것은 천천히가 아니라 모든 물체가 동시에 지면에 닿는다는 것을 알 수 있었다. 즉 낙하 운동은 물체의 성질과는 무관하다는 것이며, 나무공이나 쇠공이나 할 것 없이 탑 위에서 동시에 떨어뜨린다면 동시에 지면에 이르게 된다는 것이다. 이렇게 해서 아리스토텔레스의 중력 이론은 실험에 의해 부정되고 말았다.

중력

이러한 발판 위에서 뉴턴은 중력의 특성에 대한 연구를 더욱 진전시켰다. 뉴턴이 기여한 여러 가지 공로 중에서도 주로 다음의 두 가지를 꼽을 수 있다.

먼저 개념적인 것으로서, 제1장에서 언급했듯이 뉴턴은 아리스토텔레스가 구분한 '달 위의 세계'와 '달 아래의 세계'의 개념 자체를 부정했다. 비록 지면 가까이에 있는 물체들의 낙하 운동이 달의 연속 운동과는 다른 양상을 띠고 있긴 하지만, 이들 모두 지구의 중력이라는 동일한 원인에 의해 이루어지고 있다는 것이다. 뉴턴 이론에서의 중력 자체가 '만유인력'으로 일컬어지는 이유는, '만유'라는 단어가 의미하듯이 이 힘은 우주의 어느

을 발견했다. 어찌 되었든, 피사의 사탑은 이렇게 잘못 전해진 물리학의 일화에 의해 신성시되었고, 아직도 많은 순례자들이 이 탑에 경의를 표하고 있다. 더욱이, 피사와 피렌체 지방의 몇몇 박물관에는 당시에 갈릴레오가 사용했다고 하는 나무공들이 전시되어 있다.

그림 7-1 | 피사의 사탑

곳에나 존재하며, 아울러 아리스토텔레스가 정의한 힘의 경계 따위는 존재하지 않는다는 것이다.

두 번째로는 물리적인 것으로, 뉴턴은 두 물체 사이의 중력 작용에 관해 일반적이고 정량적인 기술을 했다. 질량이 각각 m1과 m2인 두 개의 물체가 거리 r만큼 떨어져 있을 때, 이 두 물체 사이에 작용하는 인력은

$$F = G \frac{m_1 m_2}{r^2}$$

으로 나타나며, 여기서 G는 만유인력 상수로서 크기가
$6.67 \times 10^{-8} \text{dyne·cm/g}^2$ 이다.

뉴턴의 만유인력 법칙은 실로 성공적이었다. 이 이론으로 인해 지구상이나 천체상의 여러 현상들의 설명이 가능해졌고, 특히 해왕성의 존재에 대한 예측은 이 법칙에서 가장 주목할 만한 성공의 예라고 할 수 있다. 19세기 초에, 천왕성의 궤도 운동에서 이유를 알 수 없는 섭동 현상(물체가 예측된 궤도에서 약간 벗어나 운동하는 현상)이 발견되었다. 프랑스의 르베리(Le Verrier)와 영국의 애덤스(J. Adams)는 이 현상이 아직 발견되지 않은 행성에 의한 중력의 영향일 것이라고 예측했다. 각기 독립적으로 계산해 본 결과는 서로 일치했으며, 미발견 행성의 위치는 염소자리 내의 δ 별로부터 동쪽으로 약 5도쯤 떨어진 곳이고, 매일 69 arc seconds (1 arc second = 1/3600도)의 속도로 이동할 것이라고 예측되었다. 이 계산 결과는 1846년 9월 23일에 베를린 관측소로 전해졌고, 그곳에서 실시된 관측 결과, 8번째 크기의 새로운 행성이 예측된 지점으로부터 1도도 채 벗어나지 않은 지점에서 발견되었다. 다음날 밤의 관측에서는 이 행성의 운동이 뉴턴의 중력 이론에 근거한 이들의 계산 결과와 완벽하게 일치하고 있음을 보여 주었다. 이 성공으로 인해 중력 이론은 부동의 명성을 얻게 되었다.

오늘날까지도 뉴턴의 중력 이론은 정밀한 천체 역학의 기조로 남아 있다. 인공위성이나 우주선의 궤도 연구도 역시 뉴턴의 이론에 기초를 두고 있다.

20세기 초기에는 중력 이론이 영원한 성공작인듯했다. 하지만, 뉴턴의 권위에 도전할 듯한 한 작은 사건이 벌어졌는데, 바로 수성의 근일점(행성의 궤도상에서 중심에 가장 가까운 지점)의 이동이다.

수성 근일점의 세차 운동

수성은 태양에 가장 근접해 있는 행성이다. 뉴턴의 중력 이론에 따르면, 수성은 태양의 인력에 의해 닫힌 타원 궤도 운동을 하게 된다. 하지만 실제로는 정확한 타원이 아니고, 매 회전시 주축도 조금씩 회전한다(그림 7-2). 이처럼 타원 주축이 회전하는 현상을 가리켜 근일점의 세차 운동(Precession)이라고 한다. 수성의 세차 운동은 100년에 $1°33'20''$의 비율로 이루어지고 있다. 이러한 원인은 태양으로부터의 주된 인력 이외의 힘인 다른 행성들로부터의 인력 때문이다. 물론, 태양의 인력에 비해 다른 행성들의 인력은 매우 약하기 때문에 세차 운동도 매우 느리다. 천문학자들은 뉴턴의 중력 이론에 입각해서, 지구 및 기타 행성들에 의해 생기는 수성의 세차 운동은 100년당 $1°33'20''$가 아니라 $1°32'37''$가 되어야 한다고 증명한다. 100년에 $43''$라는 이 차이는 매우 작지만, 관측할 때 무시할 수 있는 오차보다는 큰 값이다.

이 오차로 인해 많은 논란이 있어 왔다. 해왕성의 존재를 성공적으로 예측했던 르 베리는 이 방법을 다시 써서, 태양 가까이에 또 다른 행성이 있어 이로 인해 이러한 오차가 생기는 것이라고 예측했다. 하지만 이번엔 실패였다. 그가 예측했던 장소와 시간에 그 어떤 새 행성도 발견되지 않았던 것이다.

이렇게 해서, 100년에 $43''$라는 작은 오차가 뉴턴 법칙에 의거한 천체 역학에는 하나의 수수께끼로 남게 되었다. 하지만 이 오차는 뉴턴의 이론 체계가 올렸던 개가에 비해 너무 사소한 것이어서 그냥 가볍게 넘겨버릴

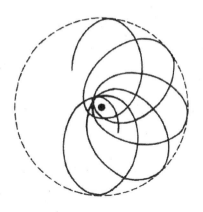

그림 7-2 | 수성 타원 궤도의 세차 운동

수 있을지도 모른다.

그러나 과학적인 문제에 관한 한, 어떤 이론이 얼마나 많은 곳에 적용될 수 있는가에 따라 그 이론의 옳고 그름이 결정되는 것은 아니다. 수십만 번의 성공적인 경우 때문에 하나의 '작은' 실패가 정당화될 수는 없는 것이다.

문제는 항상 해답을 기다린다.

수성의 근일점의 이동에 관한 최초의 만족스러운 해답은 아인슈타인의 일반 상대론이 확립되고 나서야 가능했다. 물론 아인슈타인의 일반 상대론이 이 특별한 문제를 해결하기 위해서 시작된 것은 아니다. 아인슈타인의 다른 과학적 업적에서와 마찬가지로, 일반 상대론도 어떤 단순하고 기본적인 문제들에 관한 고찰에서 비롯되고 있다.

중력 질량 대 관성 질량비의 보편성

뉴턴의 이론이 비록 중력에 관해 정량적으로 정확히 기술하고는 있지만, 아직 중력의 가장 기본적인 특성에 관해서는 제대로 정의하지 않고 있다.

그렇다면, 중력의 어떤 특성이 근본적으로 가장 중요한가?

우리는 갈릴레오가 다양한 각도에서 어떻게 아리스토텔레스 이론의 근본적인 오류들을 비판했고, 뉴턴이 갈릴레오의 견해를 진전시켜 어떻게 고전 물리학의 완전한 체계를 수립했는가에 대해 여러 곳에서 보아 왔다. 또한 앞에서의 논의에서 우리는 갈릴레오가 제시했던 몇 가지 필수적인 개념들이 아직은 완전한 이론이 되기에는 부족하지만, 그가 제시했던 어떤 개념들은 뉴턴의 역학에서뿐만 아니라 상대론에서까지도 정확하게 적용되고 있다는 것을 알았다. 이것은 갈릴레오의 상대성 원리와 관성의 법칙을 두고 하는 말이다. 비록 뉴턴의 절대 시공간 개념과 이에 기초한 그의 역학은 상대론에서 수정되었지만, 갈릴레오의 이러한 개념들은 조금도 수정 없이 유효하게 남아 있다.

이 경우는 중력 이론의 발전 과정과 다소 닮은 점이 있다. 곧 알게 되겠지만, 뉴턴의 만유인력 공식은 일반 상대론에서는 정확히 말해서 맞지 않는다. 그러나 피사의 사탑 위에서 발견한 갈릴레오의 진리는 일반 상대론의 출발점이 되는 가장 핵심적인 역할을 하고 있다.

피사의 사탑 실험이 뜻하는 바는 무엇인가?

뉴턴의 역학 공식을 그의 중력 이론과 비교해 자유 낙하 물체의 운동을 공식으로 기술해 보면,

$$m_i a = m_g \frac{GM}{r^2}$$

이 되며, 여기서 m_i와 m_g는 각각 물체의 관성 질량(가속도에 반비례)과 중력 질량(중력에 비례)을 뜻하며, M은 지구의 질량이고 r은 지구 중심으로부터 물체까지의 거리이다. 위 식을 다시 쓰면,

$$a = \frac{m_g}{m_i}$$

이 된다. 피사의 실험은 물체의 종류에 상관없이 중력에 의한 물체의 가속도는 동일하다는 것을 보여주고 있다. 따라서 위 식으로부터 우리는 m_g / m_i의 값이 모든 물체에서 동일해야 한다는 것을 쉽게 알 수 있다. 다시 말해서

$$\frac{중력질량}{관성질량}$$

은 주어진 물체의 특성과 무관한 보편 상수이다.

물리학에서는 종종 어떤 보편 상수의 발견으로 인해 하나의 완전한 이론 체계가 발전되곤 한다. 보편 상수인 광속 c로부터 특수 상대론이 유도되었다. 플랑크 상수 h로부터 양자 역학이 추론되었다. 보편 상수 m_g / m_i는 중력에 관한 문제들을 해결하는 열쇠이다.

이에 아인슈타인은 다음과 같이 적고 있다.

"…중력장 내에서 모든 물체는 동일한 가속도를 갖는다. 이 법칙은 관성 질량과 중력 질량 사이의 대응 법칙으로 이해할 수 있다. 심지어 그 시

절에도 이 법칙이 지닌 중요한 모든 함축된 의미가 나를 감동하게 했었다. 나는 이 법칙의 존재에 매우 놀라워했고, 관성과 중력에 관한 우리의 이해를 깊게 하는데 열쇠가 될 것이 틀림없다고 추측했다."

중력의 본질은 '무'중력이다

그렇다면 아인슈타인은 'm_g/m_i가 보편 상수이다'라는 열쇠를 어떻게 이용했는가?

갈릴레오처럼 아인슈타인도 이 문제를 분석하기 위해 이상적인 실험을 고안했는데, 유일한 차이점은 갈릴레오가 경사면을 사용한 반면에 아인슈타인은 엘리베이터를 사용했다. 아인슈타인은 이 엘리베이터 안에 여러 가지 종류의 실험 기구를 설치하여 그 안에서 실험 물리학자가 여러 종류의 측정을 실시할 수 있도록 했다.

엘리베이터가 지구에 관해 정지해 있을 때는 그 안의 모든 물체들에는 한 가지 힘만이 작용한다. 따라서 다른 어떤 힘에 의해 지탱되지 않는 한 모든 물체들은 엘리베이터의 바닥으로 끌려 떨어지게 된다. 이러한 현상에 따라 실험자는 인력을 받고 있다고 쉽게 결론을 내릴 수 있다.

이번에는 엘리베이터가 자유 낙하 운동을 하고 있다고 하자. 그러면 엘리베이터 안의 실험자는 물체들이 더 이상 어떤 힘을 받지 않게 되고, 따라서 가속 운동이 사라지게 되는 것을 발견할 것이다. 다시 말해서 물체들은 소위 '무중력 상태'에 도달하게 된다. 엘리베이터 안의 물체들은 사과가 되었든 깃털이 되었든, 밑으로 떨어지는 대신에 공간에 자유로이 떠 있을 뿐 중력이 작용하는 어떤 조짐도 더 이상 보이지 않는다. 실험하는 사람도 아주 쉽게 걸어 다닐 수도 있고 천장을 거꾸로 걸어 다닐 수도 있으며 그에게 곡예사의 기술쯤은 우습게 보일 것이다. 즉 실험자는 물체들의 역학 현상을 관찰해서는 중력에 관한 아무런 흔적도 발견할 수가 없게 된다.

아인슈타인은 이로부터 더 나아가 다음과 같이 추론했다. 엘리베이터 계에서는 중력이 완전히 소거된다. 엘리베이터 실험자는 그 안에서 일어나는 물리적 현상의 관찰로는 중력의 원인인 지구가 밖에 있는 건지 아닌지를 결정할 수가 없을 뿐더러, 그의 엘리베이터가 가속 운동을 하는지 아닌지를 알아낼 수도 없다(마치 살비아티의 배 안에 있는 관측자가 그 배가 움직이고 있는지 정지해 있는지를 알 수가 없는 것처럼).

요약하면, 우리는 어떤 국소의(local: 이 단어가 의미하는 것에 대해서는 이후에 더 설명할 것이다) 영역에서, 모든 중력 효과가 완전히 제거되

그림 7-3 | 아인슈타인의 이상적인 엘리베이터

는 기준계(아인슈타인의 엘리베이터)를 발견할 수가 있는데, 이것이 중력의 가장 중요한 특성이다. 물리학에서 어떤 다른 힘도 이러한 특성을 갖지 않는다. 예를 들어서, 거시적인 전자기력이라든가 핵과 입자들의 영역에서의 강한 상호작용(strong interaction)이나 약한 상호작용(weak interaction) 등은 기준계를 적절히 선택한다고 해서 완전히 제거될 수 있는 것들이 아니다.

중력의 특성은 그것이 어떤 기준계(아인슈타인의 엘리베이터)에서 국소적으로 제거될 수 있다는 것이다. 이것은 피사의 사탑 실험에서 얻은 것들로부터 아인슈타인이 추론해 낸 중력의 핵심적인 특성으로서, 흔히 등가의 원리(principle of equivalence)라고 알려져 있다.

국소 관성계

등가의 원리는 모든 현상이 마치 우주에 중력이 전혀 존재하지 않는 것처럼 나타나는 아인슈타인의 엘리베이터가 언제나, 공간의 어느 곳에서나 반드시 존재한다는 것을 보장해 준다. 그러한 엘리베이터 안에서는 운동하는 물체는 영원히 운동한다는 관성의 법칙이 적용된다. 정의에 따르면, 관성의 법칙이 성립되는 기준계를 관성 기준계라고 한다. 따라서, 아인슈타인의 엘리베이터도 관성 기준계이다.

여기서 하나의 의문이 제기된다. 우리는 흔히 지구에 대해 일정한 속도로 움직이는 살비아티의 배를 관성계로 취급하는데, 아인슈타인의 엘리베이터는 지구에 대해 가속 운동(자유 낙하 운동)을 한다. 이는 서로 모순되지 않는가?

사실 그렇다. 일반 상대론이 전개되기 전에는 살비아티의 배가 관성 기준계로 가정되어 왔는데, 엄격히 말해서 이는 잘못된 가정이었다. 왜냐하면, 살비아티의 배 안에 있는 관측자는 물방울들이 아래쪽으로 가속 운동을 하는 것을 보게 되기 때문이다(이때 배는 외부와 완전히 차단되어 있고, 따라서 그 안의 실험자는 밖에 무엇이 있는지 알 수 없는 상태이다). 즉 물방울들은 운동하는 물체는 영원히 같은 운동을 지속한다는 관성의 법칙을 만족하지 않으며, 따라서 이 배는 관성 기준계로 간주할 수가 없다(기껏해야 관성 기준계에 근사하다는 정도로 간주될 수 있다). 반면에, 아인슈타인의 엘리베이터에서는 관성의 법칙이 완벽하게 적용된다.

그림 7-4 | 중력 가속도는 위치에 따라 달라진다

이제 '국소적 (local)'이라는 단어에 대해서 생각해 보자. 어떤 물체들 모두에게 작용되는 중력 가속도가 같다는 것은 이 물체들이 같은 위치에 있다는 뜻이다. 위치가 달라지면 중력 가속도도 달라진다. 〈그림 7-4〉의 예를 보면, 지구상에서도 위치에 따라 중력 가속도가 다르다. 따라서, 자유 낙하하는 엘리베이터는 주어진 위치와 그 주위의 작은 영역에서만 중력 효과(중력 가속도)를 완전히 제거할 수 있고, 넓은 영역에서는 이를 완전히 제거할 수가 없다. 예를 들면, 〈그림 7-4〉에서 엘리베이터는 A 지점의 중력을 제거할 수는 있어도 B 지점에서는 아무런 영향을 주지 못한다.

따라서, 앞서 말한 아인슈타인의 엘리베이터를 엄격한 의미에서의 관성 기준계로 간주한다면, 이 기준계는 국소의 영역에만 적용된다. A 지점의 엘리베이터는 A 지점만의 기준계가 된다. B 지점의 기준계를 만들려면 B 지점에 새로운 엘리베이터를 자유 낙하시킴으로써 가능해진다.

중력이란 무엇인가?

이제 '중력이란 무엇인가?'라는 난해한 질문에 대해 대답을 해 보자.

여기서 다시 한번 살비아티의 그 유명한 발표문을 되새겨 보자. "배를 어떤 속도로 항해하게 해 보자. 만약 배의 속도가 일정하게 유지된다면…" 여기서 알 수 있듯이, 살비아티의 배는 오직 일정한 속도로만 움직여야 한다. 다시 말해서, 일반 상대론이 발전되기 전의 사람들은 여러 기준계(살비아티의 배와 같은) 사이에는 가속이 없는 오직 균일한 운동만이 허용된다고 주장했다. 뉴턴의 중력 이론을 포함한 그의 역학도 이러한 기초 위에서 이루어졌다.

그러나 일반 상대론에서는 관성계가 엄격히 국소 관성계(아인슈타인의 엘리베이터와 같은)로 국한된다. 그래서 각기 다른 지점의 국소 관성계들 사이에는 상대적인 가속 운동이 이루어질 수 있다. 예를 들어서 〈그림 7-4〉의 A 지점에 있는 엘리베이터와 B 지점의 엘리베이터는 상대적인 가속 운동을 한다.

그렇다면 중력이란 무엇인가? 중력의 효과는 여러 가지 국소 관성계 사이의 관계를 결정한다. 우리는 이들 중 어느 계에서도 중력의 효과를 감지할 수가 없고, 단지 이들 국소 관성계들 사이의 상호 관계에서만 이를 감지할 수 있다.

물리학의 다른 분야에서는 항상 다음과 같은 연구 절차를 따른다. 먼저 관련 있는 물리량들을 측정하기 위한 기준계를 설정하고, 다음으로 실험을 통해 이들을 지배하는 법칙을 요약한 뒤에, 마지막으로 핵심 방정식을 세운다. 이러한 절차에서 시간과 공간의 기하학적 특성(즉, 설정된 기준계)은 논의되고 있는 물리적인 과정에 아무런 영향을 받지 않는다. 따라서 이러한 문제들에서의 기본 방정식은 단순히 관련 물리량들 사이의 관계식, 즉

어떤 물리량 = 다른 물리량

이 될 것이다.

그러나 중력의 문제에 관한 한, 중력은 한편으로 각종 물체의 운동에 영향을 주면서 또 한편으로 국소 관성계들 사이의 관계에도 영향을 줄 것이다. 따라서 시공간의 기하학적 특성은 미리 정의될 수 없고, 이들의 다양한

특성은 나중에야 결정된다. 그러므로 중력에 관한 기본 방정식은 시공의 기하학적 특성을 포함하지 않을 수가 없게 된다. 이 방정식에는 중력 자체뿐만 아니라 중력과 물질 사이의 상호 작용까지도 반영되어야 하는데 즉, 다음과 같은 형식의 방정식이 되어야 한다.

기하학적 양 = 물질의 물리량

아인슈타인의 중력장 방정식

아인슈타인은 중력에 대한 기본 방정식을 찾아내기 위해 7~8년을 노력했는데, 그러는 동안 번번이 실패를 맛보곤 했다. 1915년 말경에야 중력장에 대한 만족스러운 방정식을 찾아냈으며, 그때 그는 솜머펠드(A. Sommerfeld)에게 다음과 같은 편지를 썼다.

"지난달은 제 인생에 있어서 가장 전율에 차고 격정적인 기간이었습니다. 저를 그토록 기쁘게 해준 것은 뉴턴의 이론이 1차 근삿값으로 판명되었다는 것뿐만 아니라, 수성 근일점의 세차 운동에서 100년에 43″라는 오차도 2차 근삿값으로서 얻어졌기 때문입니다."

피사의 사탑에서 100년에 43″라는 오차에 이르기까지 이러저러한 증거들 사이의 관계식들을 마침내 얻은 것이다.

아인슈타인이 중력장 방정식을 얻어내기 위해 노력했던 전반적인 과정은 우리가 충분히 공부해 볼 가치가 있다. 그의 연구의 방법론적 특성은 매우 교훈적이다. 그러나 이에 대한 상세한 언급은 어쩔 수 없이 많은 수학적인 방법을 수반하기 때문에 이 작은 책자에서는 이를 파고 들 수가 없다.

다만 여기에 최종 결과만을 적기로 한다.

$$R_{\mu\nu}=-8\,\pi\,G\,(T_{\mu\nu}-\frac{1}{2}\,g_{\mu\nu}T^{\lambda}_{\lambda})$$

여기서 $g_{\mu\nu}$는 Metric Tensor이고, $R_{\mu\nu}$는 시간과 공간의 기하학적 특성을 기술하는 양인 Ricci Tensor이며, $T_{\mu\nu}$는 에너지 ― 운동량 Tensor로서 물리적 특성을 기술하는 물리량이다.

대체로, 아인슈타인의 일반 상대론에서는 시간과 공간, 그리고 물체들의 운동이 상호 작용 관계에 있다. 여기에서 이 이론은 뉴턴이 이해했던 물질의 운동과 무관한 절대 공간 및 시간으로부터 탈피하고 있을 뿐만 아니라, 살비아티의 배에서 제시된 기초 상대론을 훨씬 능가하고 있다. 아인슈타인은 한때 이렇게 말했다.

"시공간은 아마도 물리량을 가진 물체들로부터 분리되어 자발적으로 존재할 수 있는 그러한 것은 아닐지도 모른다. 물체들은 공간의 한 중앙에 있는 것이 아니라, 공간의 영역을 차지한다. 따라서 빈 공간이라는 개념은 이미 그 중요성을 잃고 있다."

이것이 아인슈타인의 과학적이고도 철학적인 결론이다.

제8장

뉴턴에서 뉴턴 – 이후까지

뉴턴-이후의 수정

비록 아인슈타인의 일반 상대론이 뉴턴의 중력 이론과 다르다고 해도, 뉴턴의 이론이 적용되는 영역에서는 두 이론의 결과가 일치해야 한다. 앞서 언급했듯이, 뉴턴의 중력 이론은 매우 훌륭한 이론이며 수많은 현상을 정확하게 설명해 준다.

뉴턴의 이론이 적용되는 분야는 정확히 말해서 약한 중력장을 의미한다.

그렇다면 우리는 어떻게 중력장 강도의 범위를 설정할 것인가? 대략적으로 말해서, 만약 중력장의 작용으로 인해 가속된 물체의 속도가 광속보다 훨씬 작다면 이는 약한 장이다. 반면에, 그 속도가 광속에 접근한다면 이는 강한 장이다.

지구의 공전 속도는 단지 20㎞/s로서 광속(30만㎞/s)보다 훨씬 작으며, 따라서 태양의 중력장은 약한 장이다. 일반적으로, 질량 M인 물체의 중력장에서의 공전 속도는 대략

$$v = \sqrt{\frac{GM}{R}}$$

이 되며, 여기서 G는 만유인력 상수이고 R은 물체 M의 공간 범위(spatial dimension)이다. 이 방정식으로부터 약한 장의 조건은

$$\sqrt{\frac{GM}{R}} \ll c, \text{또는} \frac{GM}{c^2 R} \ll 1$$

이 됨을 쉽게 알 수 있고, 또한 강한 장의 조건은

$$\frac{GM}{c^2R} \approx 1$$

이다.

다음 표에는 몇몇 물체들에 대한 $\frac{GM}{c^2R}$ 값이 나타나 있다.

물체	양성자	사람	지구	태양	은하수
$\frac{GM}{c^2R}$	10^{-40}	10^{-25}	$10^{-8.9}$	$10^{-5.4}$	10^{-6}

위 표의 값들은 모두 1보다 훨씬 작다. 뉴턴의 중력 이론이 수없이 많은 문제에 적용되고 있는 이유도 바로 여기에 있다.

아인슈타인의 중력 방정식도 $\frac{GM}{c^2R} \ll 1$ 인 경우에는 뉴턴의 만유인력 법칙의 형식을 취하고 있다. 예를 들면, 태양 주위를 도는 행성들의 운동은 태양의 중력 때문에 일어난다. 이 힘의 크기는 $F = Gm_1m_2/r^2$의 공식으로 기술될 수 있다. 이러한 중력장은 또한 태양과 행성 간의 위치 에너지에 의해 기술될 수도 있다. 뉴턴의 이론에 의하면, 이 위치 에너지는

$$U = -\frac{GmM_\odot}{r}$$

이 되며, 여기서 m은 행성의 질량이고, $M_\odot$은 태양의 질량, r은 이 두 물체 간의 거리이다.

일반 상대론에 의하면, 중력 작용으로부터 생긴 위치 에너지는 수정된 형태의 방정식인

$$U = -\frac{GmM_\odot}{r} - \frac{3}{2}\frac{v^2}{c^2}\frac{GmM_\odot}{r} + \cdots\cdots$$

이 되며, 여기서 첫째 항은 뉴턴의 이론에 의한 것과 같다. 둘째 항은 일반 상대론에 의한 수정값인데

$$\frac{v^2}{c^2} \approx \frac{GM}{c^2R} \approx 10^{-6} \quad \text{(위 표에서 } \frac{GM}{c^2R} \text{ 값 참조)}$$

이므로 둘째 항은 첫째 항보다 훨씬 작다. 둘째 항을 무시할 수 있다면 위 공식은 뉴턴의 만유인력 법칙과 같게 된다.

위의 공식에서 첫째 항을 뉴턴 항이라 부르고, 둘째 항 이후의 것들은 뉴턴-이후의 항들(post-Newtonian terms)이라고 부른다. $\frac{GM}{c^2R} \ll 1$ 인 경우에는 둘째 항이 매우 작은 수정값이 되어, 일반 상대론은 뉴턴의 이론과 같아진다. 이 수정을 뉴턴-이후의 수정이라고 부른다.

행성들의 근일점 세차 운동

뉴턴-이후의 수정값이 매우 작은 값일지라도 그 역할은 때로 매우 중요하다. 수성 근일점의 이례적인 세차 운동은 뉴턴-이후의 항에 의해 설명된다. 만약에 뉴턴 항만 존재한다면, 그러한 이례적인 세차 운동은 일어나지 않을 것이다.

수성 이외에도 다른 행성들의 근일점 세차 운동에 대한 정량적인 측

정 결과가 구해졌다. 다음 표에는 그러한 측정값과 뉴턴-이후의 수정값
이 비교되어 있다. 여기서 우리는 이론값과 측정값이 잘 일치하는 것을 볼
수 있다.

행성	측정값(100년당)	이론값(100년당)
수성	$43''.11 \pm 0''.45$	$43''.03$
금성	$8''.4 \pm 4''.8$	$8''.6$
지구	$5''.0 \pm 1''.2$	$3''.8$
이카루스[*]	$9'':8 \pm 0''.8$	$10''.3$

자전축의 세차 운동

뉴턴 역학에서는 행성의 자전이 중력 작용에 관여하지는 않는다. 즉 태
양이 행성에 작용하는 중력은 행성의 질량에만 관계가 있고 행성의 자전
속도와는 무관하다는 뜻이다. 뉴턴의 중력 방정식에는 물체의 질량만 한
요소로서 포함되어 있고 자전 속도는 포함되어 있지 않다.

그러나 일반 상대론은 다르다. 뉴턴-이후의 수정값 중 어떤 항에는 질
량뿐만 아니라 물체의 자전에 관계되는 물리량도 포함되어 있어서 자전 속
도가 중력 효과에 기여하고 있다. 자전이 없는 두 물체 사이의 중력 작용은
자전이 있을 때와는 다르다.

---

[*] 화성과 목성의 궤도 사이 및 그 주변에 흩어져 있는 소행성 가운데 하나

이러한 새로운 특성이 자전축의 세차 운동의 원인이 될 수도 있다. 다시 말해서, 태양 주위를 공전하는 행성의 자전축 방향이 천천히 변할지도 모른다. 태양계의 행성에서는 이러한 뉴턴-이후의 효과가 너무 작아서 거의 측정할 수가 없다. 더구나 자전축의 변화 원인일지도 모르는 다른 여러 요소가 있으며, 이 모두가 뉴턴-이후의 기여도를 상쇄하는 데 몫을 하고 있다.

한편, 최근의 관측에 의해 PSR1913+16이라는 펄서(Pulsar) 별의 자전축이 세차 운동을 한다는 정성적인(Qualitative) 증거가 발견되었다.

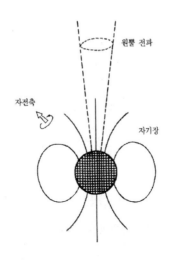

그림 8-1 | 펄서의 자전축과 자기축은 서로 일치하지 않는다. 원뿔 모양의 전파 줄기는 자기축과 같은 방향에 놓이게 된다. 따라서, 자전하는 과정에 원뿔 전파의 방향이 지구를 향하게 될 때, 우리는 라디오파를 수신할 수 있게 된다

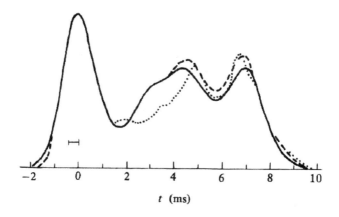

그림 8-2 | PSR1913+16의 전파 형태의 변화. 점선은 1977년 7월 측정 결과이고, 파선과 실선
은 각각 1978년 6월과 10월의 측정 결과를 나타낸다

PSR1913+16은 실제로 두 개의 고밀도별(Compact Star)들로 구성되어
있다(고밀도별에 관해서는 다음 장에서 다룬다). 그중 하나는 매우 빠른 자
전을 하면서 라디오파를 발산하는 펄서이다. 펄서의 전파 발산은 원뿔 영
역에 집중되어 있다(그림 8-1). 펄서가 자전할 때마다 이 원뿔 영역은 지
구를 한 번씩 휩쓸게 되고, 이 때문에 우리는 라디오파를 수신하게 된다.

　1974년 말경에 PSR1913+16이 발견되고 나서, 그후 몇 년간의 관측에
서는 이 별의 라디오파(또는 전파 형태)가 변하고 있음을 암시하고 있다(그
림 8-2). 이것은 자전축의 움직임에서 비롯된 것인지도 모른다.

　원뿔 전파 영역의 단면적이 대충 〈그림 8-3〉과 같은 모양을 가지므로,
자전축이 세차 운동을 할 때 원뿔 전파가 휩쓸고 지나가는 지역도 달라질
것이다. 〈그림 8-3〉은 1977년 7월과 1978년 10월에 가능했던 휩쓸고 지

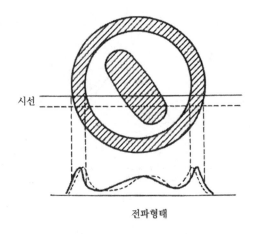

시선

전파형태

그림 8-3 | 전파 형태에 대한 설명: 빗금 친 영역은 원뿔 전파의 단면적을 나타내고, 수평선은 펄서가 자전할 때 관측자의 시선 행적을 나타낸다. 자전축이 세차 운동을 함에 따라 관측자의 시선이 통과한 영역도 변하며, 따라서 관측된 전파 형태도 달라진다. 실선은 1978년 10월의 관측선을, 그리고 파선은 1977년 7월의 관측선을 각각 나타내고 있다

나간 선들을 표시하고 있다. 따라서, 전파 형태의 변화로부터 우리는 자전축의 세차 운동 크기를 추정할 수가 있다. 뉴턴-이후의 수정값에 의한 계산에 의하면 세차 운동 비율이 1년당 1°인데, 이것은 관측값과 일치한다.

중력 적색편이

뉴턴의 중력 이론으로는 중력에 의한 속도가 광속에 필적하는 물체에는 적용될 수 없기 때문에, 중력장 내에서의 빛 자체의 운동은 원칙적으로 뉴턴의 중력 이론으로는 설명이 불가능하다. 빛과 중력장과의 상호 작용은 본질적으로 뉴턴-이후 항들과 관련된다. 이 장의 남은 부분에서는 중

력장 내에서의 빛의 전파에 관련된 몇 가지 새로운 현상들에 대해 논해 보기로 한다.

먼저 중력 적색편이(Gravitational Red Shift)에 대해 논해 보자.

중력 편이 현상이란, 빛이 중력장 내에서 전파될 때 그 진동수나 파장이 변하는 것을 말한다. 태양 표면의 수소 원자에 의해 발산된 빛이 지구에서 관측될 때 그 진동수는 실험실의 수소 원자 빛의 진동수보다 작아진 것을 즉, 적색편이가 된 것을 발견하게 된다(가시광선에서 적색의 진동수가 가장 작으므로 진동수 감소의 경우는 적색편이라 부르고, 반대의 경우는 청색편이라고 부름). 이는 태양 표면에서의 중력장이 지구 표면에서의 것보다 더 강하기 때문이다(또는 GM/c^2R 값이 태양 표면에서 더 큼). 만약 지구로부터 발산되는 빛을 태양 표면에서 관측한다면 빛의 진동수 증가 현상 즉, 청색편이를 발견하게 될 것이다.

요약하면, 강한 중력장(GM/c^2R이 큼)으로부터 약한 중력장 (GM/c^2R이 작음)으로 빛이 전파해 갈 때는 진동수가 감소한다. 반대의 경우에는 진동수가 증가한다.

1960년 이래, 중력 적색편이 이론에 대한 정량적 측정이 이루어져 왔는데, 파운드(R. Pound) 등은 ^{57}Co 감마선 복사원을 22.6m 높이의 탑 밑에 놓고 ^{57}Fe 수신기를 탑 꼭대기에 놓았다. 이러한 형태의 뫼스바우어 (Mössbauer) 실험 장치[*]는 10^{-12}차수의 진동수 안정도를 갖는다. ^{57}Co에서

---

[*] 원자핵이 감마선을 방출할 때 핵의 반동으로 인해 감마선의 에너지는 핵의 두 상태 간의 천이 에너지보다 다소 작아진다. 따라서 방출된 감마선이 다시 흡수되어 두 상태 간의 역천이 현상이

발산된 감마선이 탑 꼭대기에 이르면 약간의 적색편이가 일어난다. 측정값과 이론값이 훌륭한 일치를 보이는데, 그 비는 0.997±0.008이다.

빛의 편향

중력장 내에서는 중력을 형성하는 물체의 인력에 의해 어떤 물체도 직진할 수가 없게 된다. 등가의 원리에 의해 중력장 내의 빛의 전파에 대해서도 같은 일이 일어난다고 생각할 수 있다. 그 이유는, 만약에 빛의 운동 방식이 일상 물체들의 것과 다르다면, 우리는 일상 물체들에서뿐만 아니라 빛의 운동에서의 중력 효과가 완전히 제거될 수 있는 아인슈타인의 엘리베이터를 설정할 수가 없기 때문이다. 따라서, 중력이 제거된 국소 관성계가 존재하는 필연 조건으로부터 우리는 중력장 내를 통과하는 빛도 반드시 편향(deflection)되어야 한다는 추론을 얻어낼 수 있다.

태양 표면을 가까스로 스쳐 가는 별의 빛줄기는 단지 1″.75의 각도만큼 편향된다. 물론 태양이 별과 지구의 사이에 있지 않다면 별빛은 편향되지 않고 직진하여 지구에 이를 것이다. 그러나 태양이 그 사이에 놓이면 〈그림 8-4〉에서 보듯이 별빛이 편향되어 별의 위치가 옮겨져서 파선이 가리키는 곳에 있는 것처럼 보인다.

이러한 예측된 현상은 1919년에 아서 에딩턴(Sir Arthur Eddington)

일어나는 것은 불가능하다. 핵의 반동 효과를 극복하기 위해 뫼스바우어는 감마선 방출 핵들을 커다란 결정체 내에 박아 넣어 보았다. 반동되는 질량이 크게 증가함에 따라 감마선의 에너지 감소도 작아지게 되고, 그로 인해 역천이 현상도 가능해지게 되었다.

관측자

그림 8-4 | 태양이 별과 지구의 사이에 놓이면 별빛의 진행이 편향된다

이 이끄는 탐측반에 의해 최초로 입증되었다. 그해 5월 29일에 그들은 서 아프리카의 프린시페섬에서 개기일식(Total Eclipse) 동안에 태양 주변의 별들의 사진을 찍어서 태양이 그 주변 창공에 없을 때의 사진과 비교해 보 았다. 이 비교 결과로 그들은 빛의 편향값을 얻었는데, 이론값과 잘 일치 했다.

1919년 이후 개기일식 때마다 많은 천문학자들이 빛의 편향 실험을 시 도해 왔는데, 이들 관측의 주요 결과가 다음 표에 나타나 있다.

최근에는 전파 천문학의 응용으로 공간 분해능이 매우 개선되어 광천 문학에 의한 것보다 훨씬 우수한 공간 판별이 가능해졌다. 이 때문에 빛의 편향에 대해서도 훨씬 높은 정확도를 가지고 확인이 가능하게 되었다. 요 행히도, 매년 3, 4월이면 태양이 0116+08이라는 복사별(Radio-source)

을 지나간다(그림 8-5). 0116+08, 0119+11, 0111+02라는 세 복사별은 거의 일직선상에 있어서, 태양이 0116+08을 지날 때 이 별들의 상대적 위치가 변한 것처럼 보인다. 이러한 방법에 의해 얻은 빛의 편향값은 1″.775±0″.019였다.

일시	장소	관측결과
1919. 5. 29	브라질	1″.98±0″.16
1919. 5. 29	프린시페	1″.61±0″.40
1922. 9. 21	호주	1″.72±0″.15
1929. 5. 9	수마트라	2″.24±0″.10
1936. 6. 19	소련	2″.73±0″.31
1936. 6. 19	일본	1″.28±2″.13
1947. 5. 20	브라질	2″.01±0″.27
1952. 2. 25	수단	1″.70±0″.01
1973. 6. 30	모리타니	1″.60±0″.18

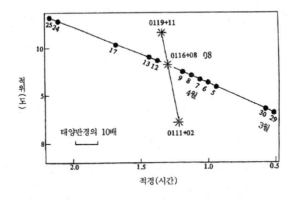

그림 8-5 | 복사별 0116+08, 0111+02, 그리고 0119+11 및 태양 위치에 대한 개략도(태양이 0116+08의 근처를 지날 때, 세 별의 상대적인 위치 변화로부터 중력장에서의 빛의 편향값을 구할 수 있다)

레이더 반사의 시간 지연

1964년에 샤파이로(I. Shapiro) 등은 중력장 내의 빛의 전파에 관한 새로운 측정 가능한 효과를 주장했다.

샤파이로는 레이더 장치로 전자기파를 발생시켜 다른 행성에 반사시켜서 같은 레이더 장치에 의해 수신되도록 했다. 두 가지 다른 경우에서의 왕복 시간을 측정할 수 있는데 먼저, 전자기파의 행로가 태양에서 멀리 떨어져 태양에 의한 영향을 무시할 수 있는 경우이고 둘째로, 전자기파의 왕복 진로가 태양 주변을 지나게 되어 강한 중력장의 영향을 받는 경우이다. 나중 경우의 왕복 속도가 처음의 경우보다 다소 늦어지게 되는데, 이처럼 태양의 중력장에 의해 진행 속도가 늦어지는 현상을 레이더 반사의 지연이라고 부른다. 한 예로서, 지구와 수성 간의 레이더 반사 지연은 0.24초까지 될 수 있다. 행성 표면에서의 복잡한 인자들의 영향을 피하기 위해 인공 천체물을 레이더 신호의 반사 표적으로 사용하기도 한다.

다음 표는 레이더 반사 지연의 관측값과 이론값의 비를 보이고 있다.

실험 일시	전파 현미경	천체 반사물	관측값/이론값
1966.11~1967.8	Haystack	금성·수성	0.9
1967~1970	Haystack Arecibo	금성·수성	1.015
1969.10~1971.1	Deep Space Network	매리너 6호 매리너 7호	1.00

각각의 실험은 매우 만족스러운 일치를 보이고 있다.

제9장

고전적 중력 붕괴에서 블랙홀까지

강한 장의 요구 조건에 대하여 몇 마디 더

앞에서 우리는 강한 장의 요구 조건은 $GM/c^2R \approx 1$이라고 지적했다.

이제 다른 각도에서 이 문제를 살펴보자. 질량 M인 물체에 의해 형성된 중력장이 강한 장이라면 공간 범위는 $R \approx GM/c^2$이 되어야 한다. 다시 말해서, 질량 M이 $R \approx GM/c^2$이라는 공간 내로 압축되어야 한다. 다음 표에는 몇몇 물체들의 GM/c^2 값이 나타나 있다.

계	양성자	사람	지구	태양	은하수
GM/c2(cm)	10^{-52}	10^{-23}	10^{-1}	10^5	10^{16}

실험 결과에 의하면 물체들을 위의 표에 나타난 크기로 압축시킨다는 것은 불가능하다. 오늘날 가장 강력한 압축기로도 물의 체적을 10% 줄이는 일조차 어려운 실정이다. 거대한 태양을 지름이 겨우 수㎞ 정도 되는 공 모양으로 압축시킨다는 것은 동화 속의 이야기로나 들린다.

그런데 자연에는 약한 장을 강한 장으로 바꿀 수 있는 어떤 강력한 압축기가 존재하는 것일까? 일상 경험으로는 회의적인 대답뿐이다. 사실 자연에 강한 장이 형성되어 있는가에 대해 아직도 많은 물리학자들은 회의적이다. 만약에 강한 장을 형성하는 물체들이 전혀 존재하지 않는다면, 일반 상대론이 아무리 좋은 이론일지라도 마치 용맹과 실력을 과시하지 못해 헤매는 용사의 모습과 같다고 할 것이다.

하지만, 물리학자들은 종종 일상 경험보다는 아직 시험을 거치지 않았을지라도 일반적인 법칙들을 더 신뢰한다. 일상 경험들은 비일상적인 문제들에 대한 판단을 해야 할 때 가끔 아무런 도움을 주지 못하곤 한다. 압축기에 관한 문제에서도, 물리학적 법칙으로부터 얻은 결과는 우리의 일상적인 인식에 정면으로 도전하고 있다. 자연에는 기상천외의 강력 압축기가 존재하고 있을 뿐만 아니라, 대부분의 천체물들은 압축될 수밖에 없는 운명을 피할 수가 없다. 이 압축기라는 것은 다름 아닌 퇴화되어 가는 천체물들의 중력장 그 자체인 것이다.

중력 붕괴

별들의 평형에 관한 분석으로부터 비롯된 문제에 대해서 논의해 보자. 별의 특성은 주로 두 가지의 중요한 힘에 의해 결정되는데, 그것은 별 자체의 중력과 별 내부의 압력이다. 압력이 중력보다 크면 별은 팽창하고, 중력이 압력보다 크면 별은 압축할 것이다. 두 힘이 같으면 별은 평형 상태에 이를 것이다.

일찍이 1930년에 밀네(E. Milne)는 에너지원이 없는 고전적 이상 기체로 이루어진 별을 분석해 보았다. 그가 발견한 것은, 이러한 특수 조건 아래서 압력은 결코 중력에 비교도 안 된다는 것이다. 어떠한 질량을 가진 계이든, 그것은 자체 중력에 의해 무한히 붕괴되어 지름이 0이 되고 밀도는 무한대가 되어 버릴 것이다.

그 후 찬드라세카르(S. Chandrasekhar)와 란다우(L. Landau)는 독자

적으로, 밀네의 분석은 완벽한 것이 아니라고 지적했는데, 그 이유로 고밀도 상태의 물질은 고전적 이상 기체 모형을 통해 설명할 수가 없다는 것이다. 이런 상태의 물질에는 양자 역학의 배타 원리(Principle of Exclusion)가 고려되어야 한다. 이 배타 원리에 의해 형성되는 무시무시한 힘이 붕괴를 방해하게 되는데, 이 힘을 보통 축퇴 압력(Degeneracy Pressure)이라고 부른다. 더 정확히 말해서, 고밀도 조건 하에서의 축퇴 압력은 두 가지로 분류된다. 첫째가 전자 축퇴 압력이며, 이 힘은 물질의 밀도가 $10^4 \sim 10^8$ / cm^3 정도에서 주요 역할을 하고, 둘째로는 중성자 축퇴 압력인데, 물질의 밀도가 $10^{12} \sim 10^{15}$ g / cm^3 정도일 때 주요 역할을 하게 된다. 축퇴 압력이 고려된 계산 결과에 의하면, 천체물의 밀도가 어떤 수치에 이르면 밀네의 무한 붕괴는 일어나지 않게 될 것이라고 상황을 진전시킬 수 있을 것 같다. 찬드라세카르의 계산에서 지적되었듯이, 어떤 밀도에 이르면 축퇴 압력과 자체 중력이 서로 균형을 이룰 것이다. 이렇게 균형을 이룬 고밀도별을 축퇴된 난쟁이별(또는 矮星: Dwarf Star)이라고 부르는데, 하얀 난쟁이별(White Dwarf)이 그 한 예로서, 시리우스 베타(Sirius β)별이 이에 속한다. 그런데 전자 축퇴 압력에 의해 붕괴를 완전히 막을 수는 없다. 실제로 태양보다 1.5배 정도 무거운 천체물들의 경우는 안정된 난쟁이별을 형성하지 못하고 계속 무한 붕괴의 운명에 처하게 된다. 이에 찬드라세카르는 다음과 같이 기술했다.

"우리의 결론은, 다음의 기본적인 질문에 대답할 수 있을 때까지는 별들의 구조에 대한 분석을 진전시킬 수가 없다는 것이다. 그 질문이란, 전자와 핵으로 된(그래서 전체적으로는 전기적 중성 상태에 있는) 어떤 고립된 물체가 무한히 압축되었다면, 그다음에는 무슨 일이 일어날 것인가이다."

이상의 모든 논의는 뉴턴의 중력 이론에 기초를 두고 있다.

1930년대 말경 오펜하이머(Oppenheimer)는 이 문제의 분석 과정에서 일반 상대론을 이용해 보았는데, 그 결과는 변함이 없었다. 비록 그를 비롯한 몇몇 사람들에 의해서 안정된 중성자별(즉, 중성자 축퇴 압력과 중력이 평형을 이루고 있는 별)이 어떤 질량 범위 내에서 존재한다는 것이 입증되기는 했지만, 오펜하이머는 "열핵 에너지원이 다 소모되어 버릴 때는 질량이 충분히 큰 별은 계속 무한 붕괴할지도 모른다."라고 덧붙이고 있다.

마치 판도라의 상자에서 풀려나온 재앙을 다시 주워 담을 수 없는 것처럼, 무한 붕괴의 개념이 '물리 상자'에서 풀려 나온 이상 이를 없었던 일로 되돌린다는 것은 안 된다는 얘기다. 요약하면, 별들의 운명에 관한 두 가지 결론은 다음과 같다.

1. 중력에 의한 붕괴가 일어나고, 수많은 고밀도 물체들이 형성된다.
2. 고밀도 물체들은 두 가지 부류로 나뉠 수 있는데, 어떤 것들은 하얀 난쟁이별 및 중성자별 등과 같이 한정된 붕괴의 결과로 형성되고, 나머지는 무한 붕괴의 결과로 형성되는 것들이다.

앞의 첫째 결론은 뉴턴의 중력 이론과 일반 상대론에 의해 얻을 수 있다. 둘째 결론은 오직 일반 상대론에 의해서만 추론될 수 있는데 그 이유는,

뉴턴의 중력 이론은 강한 장의 경우에는 적용될 수가 없기 때문이다. 이제 첫째 결론을 뒷받침하는 관측된 증거들에 대해 논의해 보자.

강한 장을 형성하는 물체들은 어디에 있는가?

1934년에 바데(W. Baade)와 츠비키(F. Zwicky)는 짧은 논문을 하나 발표했는데, 여기에는 이런 기묘한 천체물들의 탐구에 관한 몇 가지의 추측이 게재되어 있다. 이 논문은 매우 짧은데, 내용이 매우 포괄적이고 예견하는 바도 아주 대담하면서 정확하여, 물리학이나 천문학의 역사에서 매우 자랑스럽게 여길 수 있는 드문 예에 속한다. 여기에 단지 관점을 요약하는 것보다는 원문을 그대로 인용하고자 한다.

초신성과 우주선

초신성(Supernova)은 수 세기에 한 번씩 모든 별세계(또는 Nebula: 성운)에서 타오르는데, 그 지속 기간은 20일 정도이고 절대 밝기는 최고 $M_v = -14^m$ 정도에 이른다. 초신성의 가시 방사능 L_v는 태양의 약 10^8배에 이른다. 즉 $L_v = 3.78 \times 10^{41}$ erg/sec이다(계산에 의하면, 가시적인 것과 비가시적인 것을 포함한 총방사능은 대략 $L = 10^7 L_v = 3.78 \times 10^{48}$ erg/sec이다). 따라서 초신성이 그 지속 기간 동안 방출하는 총에너지는 $E_r \geq 10^5 L = 3.78 \times 10^{53}$ erg에 이른다. 만약 초신성이 처음에 그 질량이 $M < 10^{34}$g인 보통의 별이었다면 E_r/c^2이 대략 질량 M과 비슷한 값이 된다. 초신성으로 되어가는 과정에서 질량이 대량으로 소멸된다는 뜻이다. 덧붙여 이야기하면, 우주선(宇宙線)은 초신성으로부터 나온

것이다. 모든 성운에서 1000년에 한 번씩 초신성의 폭발이 일어난다면, 지구상에서 관측된 우주선의 강도는 $\sigma = 2 \times 10^{-3}$ erg/㎠·sec 정도가 되어야 한다. 관측값은 약 $\sigma = 3 \times 10^{-3}$ erg/㎠·sec이다. 진위를 유보하고, 다음의 견해를 전개한다. 초신성은 보통의 별에서 중성자별로의 천이를 뜻하며, 그 마지막 단계에서는 극도로 밀집된 중성자들로 이루어지게 된다.

— W. Baade and F. Zwicky, Phys. Rev. 45, 138(1934)

그 후 30년 동안의 관측 및 연구에서 이들의 논문의 정확도는 입증되었다. 결정적인 증거는 게성운(Crab Nebula)에 관한 연구로부터 나왔다.

게성운은 은하수에 있는데, 팽창되어 가는 기체로 된 별구름이다. 광도는 태양의 100배 정도에 이를 만큼 대단히 크다. 이 성운은 어디에서 그 에너지를 얻는가? 많은 천문학자들이 이 의문에 대해 관심을 가져왔다.

일찍이 1928년에, 이 게성운과 1054년에 관측된 초신성(제3장 참조)은 서로 연관되어 있다는 의견이 대두되었다. 그 후, 게성운은 여전히 팽창하고 있다는 것이 발견되었다. 그 팽창률로부터 계산된 결과는 팽창이 약 800년 전에 시작되었다는 것이다. 이 숫자는 1054년에서 현재에 이르는 기간과 비슷하며, 따라서 이들은 서로 연관되어 있다는 견해를 지지하게 된 셈이다. 그러나 이들이 어떻게 연관되어 있는가?

이후로 사람들은 게성운 가운데에 있는 한 별을 연구하기 시작했다. 이 별은 참으로 기묘하다. 광도가 태양의 100배 정도인데도 스펙트럼에 아무런 선이 발견되지 않는다. 보통 별들의 스펙트럼과는 전혀 다르다.

그때까지만 해도 게성운의 연구에 있어서 문제점은 많은 데 반해 실마리를 찾기는 어려워 보였다. 1054 초신성이 폭발하고 난 뒤에는 무엇이 남았을까? 게성운의 방사선에 필요한 에너지는 어디에서 얻어진 것인가? 게성운의 중앙별은 어떤 부류에 속하는가? 이런 모든 문제가 해답을 기다리고 있다. 그러나 우리가 더 많은 문제에 부딪히고, 이 문제들이 더욱 예리하면 할수록, 우리는 해답에 더 가까이 있는 듯하다.

해답에 접근하는 요점은 광도의 변화를 측정해 보는 것이다. 고속광측정법에 의하여 우리는 게성운의 중앙별의 광도가 끊임없이 변하고 있음을 알 수 있는데, 매우 규칙적인 변화를 보이며 그 주기 T는 매우 안정된 값으로

T = 0.03310615370초이다.

아직까지는 이 값이 천체 현상에서 발견된 것들 중 가장 짧은 주기에 해당한다.

펄서는 일종의 고밀도 물체다

주기가 안정되어 있다는 것으로부터 우리는 이 전파가 물체의 회전에 의해 발생된다고 결론지을 수 있다. 주기가 짧다는 것은 물체의 공간 규모가 작음을 뜻한다. 반면에, 이 별이 매우 밝다는 것은 질량이 작지 않다는 뜻이다. 질량이 크면서도, 크기가 작다는 것은 이 물체가 중력 붕괴로부터 탄생한 고밀도 물체라는 뜻이 아니겠는가?

이러한 이해로 인해, 게성운과 관련한 많은 문제들에 대한 해답이 용이해졌다.

(1) 게성운의 중앙별은 1054년에 보통별로부터 일어난 초신성 폭발을 거쳐 유래되었다. 보통별의 회전 주기는 일반적으로 한 달 정도이다. 운동량 보존 법칙에 의해, 붕괴 과정에서는 회전 속도가 계속적으로 증가해야 한다. 따라서 고밀도별이 형성되고 나면 그 회전 주기는 수 밀리초로 줄어든다.
(2) 정밀 측정에 의하면, 전파의 주기가 미세하게나마 증가하는 추세를 보이는데, 이는 고밀도별의 회전 속도가 느려지고 따라서 회전 에너지가 감소하는 경향이 되는 것을 뜻한다. 회전 에너지의 감소량은 게성운과 그 중앙별이 발산하는 방사 에너지와 정확히 일치한다.

이러한 결과는 바데와 츠비키의 견해를 흡족하게 지지한다. 즉 초신성은 보통별이 고밀도별로 붕괴되어 가는 과정에서 나타나는 현상이다.

게성운의 중앙별이 최초로 발견된 펄서는 아니지만, 펄서가 일종의 중성자별이라는 중요한 결론은 게성운의 연구로부터 얻었다. 흥미로운 것은, 지난 수십 년 동안 많은 천문학자들이 게성운을 관찰해 왔는데도 그 광도가 주기적으로 변하고 있다는 특성은 최근에 와서야 알려졌다는 점이다. 그도 그럴 것이, 인간의 눈은 잔상 효과 때문에 광도 변화의 주기가 0.06초보다 짧은 것은 감지할 수가 없다. 게성운 펄서의 주기인 0.033초는 이 한곗값보다 약간 낮다. 만약에 게성운 펄서의 주기가 다소 길었더라면 고밀도별의 발견에 대한 이야기는 훨씬 전에 시작되었을지도 모른다. 자연이 삼라만상을 설계했으니, 인간의 지성을 시험하는 것도 자연의 섭리인 듯하다.

실제로 중성자별의 발견은 인류의 다방면에 걸친 지성의 결실이다. 물리학 이론에 관한 한, 고전 물리학으로부터 상대론에 이르는 모든 이론이 개입되었다. 과학 기술 분야에서는, 11세기의 중국 천문학자들의 철저하고 믿을 만한 기록들뿐만 아니라 천체 스펙트럼 분석과 시간 기록 방법 등이 사용되었다.

오늘날 300여 개의 펄서가 우리 은하계에서 발견되었는데, 그곳엔 실제로 10억 개 이상의 유사한 고밀도별들이 있는 것으로 추정된다.

이제 우리는 중력 붕괴로부터 형성된 수많은 고밀도별들이 존재하고 있다는, 강한 중력장에 관한 첫 번째의 이론적 예측을 증명했다.

이번에는 두 번째의 문제로 눈을 돌려보자. 과연 고밀도별들은 유한 붕괴와 무한 붕괴로부터 각각 생성된 두 가지 부류로 나뉘어 존재하고 있는가?

관측된 증거들을 제시하기 전에, 유한 붕괴와 무한 붕괴에 관한 이론적 예측에 대하여 좀 더 세심히 검토해 보자.

중성자별의 구조

유한 붕괴는 결과적으로 하얀 난쟁이별이라든가 중성자별, 비정상적인 중성자별, 쿼크별(Quark Star) 등을 형성할 수도 있다. 이러한 고밀도별들에 이처럼 많은 이름이 붙여지는 이유는 우리가 이들에 대해 명확히

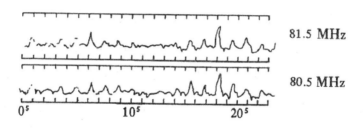

81.5 MHz

80.5 MHz

0^s　　　　　　10^s　　　　　　20^s

그림 9-1 | 최초로 발견된 펄서인 CP1919의 맥동파 신호

알지 못하기 때문이며, 따라서 어떤 결론을 완벽하게 내릴 수는 없다. 그러나 이들에게는 많은 공통점이 있다. 여기서는 이들 중 전형적인 중성자별에 대해 살펴보자.

태양의 1.4배 이상의 질량을 가진 별이 붕괴하면 매우 큰 압력이 발생한다. 이러한 압력 하에서 원자 내의 전자들은 거의 모두가 핵 내의 양성자에 의해 포획되어 중성미자(neutrino)를 방출하면서 중성자가 되어 버린다. 따라서 별 전체는 거의 모두 중성자들로 구성되게 된다. 이때의 밀도는 물의 밀도의 1조 내지 100조 배(즉, $10^{12} \sim 10^{14}$g / ㎤)가 된다. 태양과 같은 질량을 가진 중성자별의 지름은 겨우 수㎞ 정도에 지나지 않는다.

모든 별은 회전을 하고 자기장을 형성하기 때문에, 어떤 별이든 붕괴하여 중성자별이 되면 그 회전 속도가 빨라진다(각운동량 보존 법칙 때문에). 별 내의 넓은 지역에 분포되어 있던 자기장도 붕괴 후에는 작은 체적 내에서도 압축되기 때문에 그 강도가 커지게 된다. 태양과 비슷한 별이 붕괴하여 중성자별이 될 경우, 자기장은 100억 배 이상 증가할 것이다.

그래서 중성자별은 보통 매우 큰 자기장을 형성하며 빠르게 회전한다. 일반적으로 말해서, 자기축의 방향은 회전축과 일치하지 않는다(지구의 자전축이 자기축과 일치하지 않는 것처럼*). 중성자별의 자기축 주변에는 자기장이 엄청나게 강하며, 이 강한 자기장 내에서 운동하는 전자는 강한 전자기파를 방출하게 된다. 전자기파는 주로 자기축 방향으로 방출된다. 중성자별의 자기축이 지구 근처를 향하고 있는 동안에 지구에서는 전자기파를 탐지하게 된다. 회전 때마다 우리는 하나의 신호를 받는다. 이것이 바로 맥동 전자기파의 형성 원리이다(그림 9-1).

이것이 유한 붕괴로부터 형성된 물체들의 주요 특성이다.

블랙홀

무한 붕괴의 종점은 블랙홀(Black Hole)이다.

일찍이 1795년에 프랑스의 천문학자이자 수학자이고 물리학자인 피에르 라플라스(Pierre Laplace)는 지적하길, 빛은 질량이 충분히 큰 별의 표면으로부터는 탈출할 수가 없다고 했다. 뉴턴의 중력 이론에 따르면, 모든 물체에는 유한값의 탈출 속도가 존재한다. 지구의 탈출 속도는 흔히 제2의 우주 속도라고 부르는데, 약 11km/s이다. 질량이 매우 크고 체적은 작은 천체물의 경우는 그 탈출 속도가 광속보다 클 수도 있다. 따라서 밖에서 본다면 그 천체물은 아무 빛도 발하지 않는다. 이것을 뉴턴의 이론에서는

---

* 지구의 자전축으로서의 북극과 자기축으로서의 북극은 약 1500km 정도 떨어져 있다.

그림 9-2 |

블랙홀이라고 부를 수 있다. 그러나 이미 우리가 알고 있듯이 뉴턴의 중력 이론은 원칙적으로 빛에 관한 문제를 다룰 수가 없다. 따라서 이를 통한 어떤 결론도 당연지사로 받아들일 수가 없다.

일반 상대론에서도 역시 무한 붕괴의 문제를 다룬다. 어떤 사람이 붕괴되어 가는 별의 표면 위에서 매우 밝은 전등을 손에 들고 있다고 가정해 보자. 붕괴 전에는 중력장이 약하여 손의 전등은 모든 방향으로 빛을 발산하고 있다. 빛줄기는 실제로 직선을 따라 나간다(그림 9-2). 그러나 별이 붕괴를 시작하면 그 질량은 줄고 있는 체적 내로 응집되기 시작한다. 별의 크

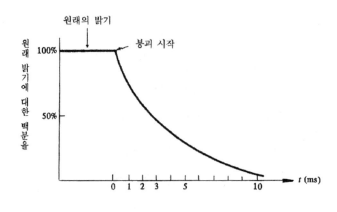

그림 9-3 | 붕괴하는 별의 밝기 변화

기가 줄어드는 것에 따라 표면에서의 중력은 점차로 커지면서 빛의 방향을 휘게 한다. 초기에는 지평선 방향의 빛줄기들만이 분명한 곡선 형태를 이루며, 별을 떠나지 못하고 별 표면으로 돌아온다. 붕괴가 진행됨에 따라 점점 더 많은 빛줄기들이 휘어져 별로 되돌아올 것이다. 결국에는 어떤 빛줄기도 별 표면을 벗어나지 못하게 된다. 이렇게 되었을 때 우리는 이 별이 '사건의 지평선'(Event Horizon)보다 작은 체적 내로 압축되었다고 말한다. 어떤 물체든 그 사건의 지평선 속으로 떨어지면 외부로부터는 더 이상 보이지 않게 된다. 이와 같이 블랙홀이 형성된다.

사건의 지평선은 블랙홀의 표면이다. 태양의 10배의 질량을 가진 별의 경우 그 사건의 지평선의 반지름은 약 30㎞이다. 즉 이 별이 붕괴하여 반지름이 30㎞ 이하가 되면, 이 별은 블랙홀을 형성한다.

어떤 물체든 사건의 지평선 안으로 들어가면 영원히 실종된다. 더욱이,

붕괴하는 별이 작아져서 그 사건의 지평선 안으로 들어가게 되면, 모든 물리 과정이 힘을 잃어 계속되는 붕괴를 막을 수가 없게 된다. 별은 많은 물리량이 무한대가 되어 버리는 하나의 점이 될 때까지 붕괴를 계속할 것이다. 따라서 이것을 '특이점(Singularity)'이라고 부른다.

붕괴 과정에서, 별을 떠날 수 있는 빛줄기가 점차 줄어들게 되므로 별빛은 점점 더 어두워질 것이다. 〈그림 9-3〉은 붕괴하는 별의 밝기 변화를 나타낸다. 그림에서 볼 수 있듯이 별이 어두워지는 과정은 놀랄 만큼 빠르다. 태양의 10배의 질량을 가진 별이라면, 붕괴 시작으로부터 0.01초 후면 거의 안 보이게 될 것이다.

블랙홀은 대머리다

천체물의 유한 붕괴는 여러 가지 복잡한 구조를 가진 별들을 낳지만, 무한 붕괴로부터 형성된 블랙홀은 매우 단순한 물체다. 이는 심지어 우리가 보아 온 어떤 물체보다도 더 단순하다. 알고 있듯이, 모든 물체는 복잡한 원자와 분자들로 구성되어 있다. 그러나 블랙홀의 경우에는 우리가 그 분자 구조에 대해 논할 필요도 없고 논할 수도 없다. 블랙홀이 어떤 물체로부터 형성되었는가에 상관없이, 일단 사건의 지평선 안으로 줄어들고 나면 우리는 그 세부적인 것에 대해서 더 이상 염려할 필요도 염려할 수도 없다. 그 이유는 블랙홀에 관한 어떤 정보도 더 이상 가용하지 않기 때문이다. 따라서 다른 종류의 물체들로부터 형성된 블랙홀들일지라도 대부분의 양상에서 같다고 할 수 있겠다.

그렇지만 블랙홀은 과연 얼마나 간단한가? 이 문제에 대한 답을 한 법칙이 잘 말해 주고 있다. 즉 블랙홀은 질량, 전하량, 그리고 각운동량이라고 하는 오직 세 가지 특성만을 가진다. 일단 이 세 가지 변수만 밝혀지면 블랙홀에 대한 모든 특성이 알려진 셈이다. 이들 이외에 블랙홀이 갖는 다른 특성은 없다. 우주 전체에서 블랙홀 말고는 어떤 물체도 단지 세 가지 물리량만으로 완전히 특징지을 수는 없다. 마치 메마른 땅뙈기에 대해 아무런 할 말이 없듯이, 블랙홀에 어떤 다른 특성도 부여할 수가 없다. 따라서 어떤 사람은 이 법칙을 '블랙홀은 대머리다'라는 말로 대신하기도 한다.

이 법칙에 의하면, 우주에는 오직 몇 가지 형태의 블랙홀만 존재하는데, 다음 표에 그 모든 것이 나타나 있다.

(○ : 있음, X : 없음)

이름	형태			특성
	질량	전하량	각운동량	
Schwarszchild 블랙홀	○		×	가장 간단한 구 대칭형
RN 블랙홀	○	○	×	전하량을 가진 구 대칭형
Kerr 블랙홀	○	×	○	회전축을 중심으로 대칭형
KN 블랙홀	○	○	○	회전축을 중심으로 대칭 대전된 가장 복잡한 형

여기서 한 가지 강조해야 할 점이 있다. 즉 어떤 종류의 블랙홀도 자기 축이 그 회전축과 다른 자기장을 가질 수가 없다는 점이다. 앞서 논했던 중

성자별(그림 9-1)에서 볼 수 있는, 자기축이 회전축과 어긋난 자기장의 구조는 블랙홀에서는 아마도 찾아볼 수가 없다.

임계 질량

앞에서 반복하여 언급했듯이, 질량이 작은 물체는 유한 붕괴를 거쳐 중성자별이 되는 반면에 질량이 큰 물체는 무한 붕괴를 거쳐서 블랙홀이 될 것이다. 이를 구분 짓는 질량을 임계 질량이라고 부른다. 일반 상대론에 의하면, 임계 질량은 태양 질량의 약 3.2배라고 계산할 수 있다. 관련된 결과들을 요약하면 아래와 같다.

1. 질량이 태양의 3.2배보다 작은 별은 중성자별류를 형성하게 되고, 회전축과 어긋난 자기극의 자기장을 가질 수 있다.
2. 질량이 태양의 3.2배보다 큰 별은 블랙홀을 형성하게 되며, 회전축과 어긋난 자기축의 자기장을 가질 수가 없다.

이것이 붕괴의 결과와 관련된 주요 이론적 결론이다. 이러한 예측을 측정하는 방법은 무엇인가?

X선 쌍별들

먼저 블랙홀의 관측에 대해 논해 보자. 블랙홀 자체는 어떤 빛도 발산할 수 없지만, 어떤 외부 물체가 블랙홀 근처로 떨어지면, 극도로 강한 중

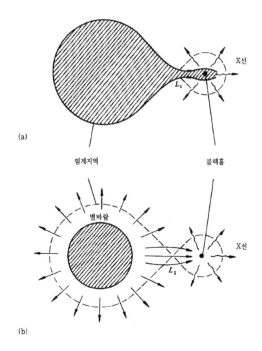

(a)

임계지역   블랙홀

별바람

X선

(b)

그림 9-4 | 서로 근접한 쌍별로부터의 X선
(a) 한 별의 물질이 임계 지역을 메우고 있다.
(b) 별 바람(Star Wind)에 의한 물질의 교환

력장 때문에 물체는 X선이나 심지어는 감마선과 같은 광자(Photon)를 수
없이 많이 발산할 수 있다.

물론 우주 공간에 고립되어 있는 블랙홀로 떨어지는 물체는 매우 적다.
그러나 천체물들 중에는 서로의 주위를 회전하는 두 개의 별로 구성된 쌍
별(Binary)들이 무수히 많다. 진화의 어떤 단계에서 이러한 계는 다량의 물
질 교환 즉, 한 별에서 다른 별로의 물질의 이동을 겪게 된다(그림 9-4). 이

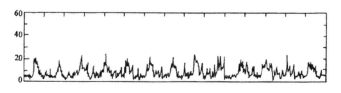

그림 9-5 | 헤라클레스자리 X-1의 규칙적인 X선 강도 변화

때 만약 후자가 블랙홀인 경우라면 이 계는 X선 쌍별(X-ray Binary)이 분명하므로, 우리가 블랙홀을 관측할 기회를 가질 수도 있다.

70년대 이후로 인공위성이나 로켓 등을 이용한 대기 밖에서의 우주 관측이 시도되어 왔는데, 그 결과 많은 X선 쌍별들이 발견되었다. X선은 그 강도 변화의 특성에 따라 다음 둘 중 하나의 범주로 분류될 수 있다.

1. X선의 강도는 맥동 주기가 매우 안정된 맥동파의 형태를 띤다 (그림 9-5).

2. X선의 강도는 매우 폭발적으로 변한다. 강도 변화의 곡선이 수많은 불규칙한 모습을 보이며, 일정한 주기는 아예 확인할 수가 없다 (그림 9-6).

전자기파 펄서에 관한 지식으로부터 우리는 맥동하는 전자파가 자기축과 회전축이 다른 중성자별로부터 방출된 것이라는 것을 알고 있다. 블랙홀은 자기축이 회전축과 다른 자기장을 형성할 수 없기 때문에, 안정된 주기를 가지고 맥동하는 형태의 전자기파 강도 변화를 보일 수가 없다.

이상의 논의에서 우리는 다음과 같이 예측되는 우리의 이론을 시험하는 방법을 볼 수 있다.

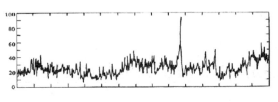

그림 9-6 | 백조자리 X-1의 불규칙적인 X선 강도 변화

1. 맥동하는 X선 원의 질량은 태양 질량의 3.2배 이하여야 한다.

2. 태양의 3.2배 이상의 질량으로부터 방출되는 X선은 맥동을 보일 수 없다.

이 두 가지 원칙은 관측에 의해 검증할 수 있다. 다음 표는 최근의 관측 결과를 보여 주고 있다.

X선 쌍별의 이름	X선 원의 질량 (태양 질량 단위)	X선의 형태
센타우루스자리 X-3	0.7±0.14	주기적
헤라클레스자리 X-1	1.3±0.21	주기적
백조자리 X-1	⟩5	불규칙적
컴퍼스자리 X-1	~ ≥4	불규칙적

이론적인 예측이 관측 결과와 잘 일치하는 것을 볼 수 있다. 강한 중력 장에 관한 물리학에서의 두 번째의 예측이 관측된 시험 결과를 잘 설명해 주고 있는 것이다.

제10장

중력파의 확인

아인슈타인의 예측

이 장에서 논할 문제는 뉴턴의 중력 이론에서는 찾아볼 수 없는 것이다. 아인슈타인의 장 이론과 뉴턴의 고전적 중력 이론과의 가장 핵심적인 차이는 전자만이 중력파를 예견한다는 점이다.

중력파란 무엇인가?

유추를 통해 설명해 보자. 〈그림 10-1(a)〉에는 두 개의 대전된 물체가 나타나 있다. 이들 사이에 진동이 일어나면 전자기파가 발산되는데, 이것은 전자기 이론에서 매우 기본적인 결론으로 통한다. 〈그림 10-1(b)〉에는 질량을 가진 두 물체가 있다. 일반 상대론에 의하면, 이들이 진동을 할 때 중력파가 발산될지도 모른다.

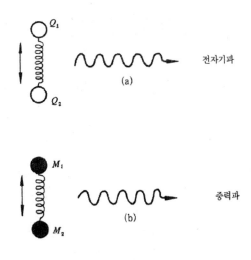

그림 10-1 | (a) 진동하는 두 전하는 전자기파를 발산한다
(b) 진동하는 두 입자는 중력파를 발산한다

중력파의 전파 속도는 광속과 같다. 게다가 임의의 에너지도 동반한다. 따라서 중력파는 일종의 실질파(Real Wave)이며, 발산될 수도 있고 흡수될 수도 있다.

이러한 모든 특성은 전자기파와 매우 유사하다. 그러므로 비록 뉴턴의 이론이 중력파의 개념을 포함하지는 않을지라도 일반 상대론의 중력파 예견은 쉽게 수용할 수가 있는데, 이는 블랙홀의 경우와는 다르다. 설사 고전역학이 블랙홀에 관한 결과들을 구체화하고 있을지라도, 아직 일반 상대론의 블랙홀 개념은 그리 쉽게 받아들여질 수가 없다.

중력파의 예견을 받아들이는 것은 쉬울지라도 관측을 통하여 이를 확인하는 것은 매우 어렵다. 아인슈타인이 그의 일반 상대론에 의거하여 예측했던 다른 모든 것들은 길지 않은 시간 내에 관측을 통해 다 입증이 되었다. 오직 중력파의 예견만이 최초의 정량적 관측 증거가 얻어진 1978년 말까지 60년 동안이나 증명되지 않은 채 남아 있었다.

이처럼 기나긴 시간이 걸렸던 이유는 중력파가 실제로 매우 약하다는 사실에 있다.

우주의 중력파원

가속 운동을 하는 모든 물체는 중력파를 발산한다. 마루에서 튀는 작은 공, 흔들리는 사람의 팔, 지구를 공전하는 달 등등 모두가 중력파를 발산한다. 하지만 이는 매우 약하다. 만약, 길이가 20m이고 지름이 1.6m인 500톤 무게의 실린더를 빠른 속도로 회전시키면 중력파가 발산될 것이다. 그러나 실린더가 깨지지 않을 한계 속도인 초당 28회전의 속도로 회전한다 할지라도 중력파의 출력은 2.2×10^{-19}와트를 넘지 않을 것이다. 이처럼 약한 파를 탐지하기에는 심지어 최첨단 기술로도 충분치가 않다.

우주의 무거운 천체물들의 운동은 비교적 강한 중력파원이다. 예를 들어 쌍별계는 일종의 중력파원이다. 다음 표에는 일부 쌍별들의 중력파 방출 강도가 주어져 있다.

쌍별 이름	궤도 주기	전파 강도 (erg/s)	지구 표면에 이르는 에너지 밀도 (erg/cm²·s)
카시오페이아자리 η	480년	5.6×10^{10}	1.4×10^{-29}
목자자리 η	150년	3.6×10^{12}	6.7×10^{-28}
시리우스	50년	1.1×10^{15}	1.3×10^{-24}
거문고자리 β	13년	4.9×10^{28}	3.8×10^{-15}
사자자리 UV	14시간	1.8×10^{31}	3.5×10^{-12}

쌍별로부터의 중력파 발산이 500톤짜리 실린더보다는 훨씬 강하지만, 별들의 전자기파 발산에 비교해서는 극히 약하다는 것을 볼 수 있다. 예를 들면, 태양의 전자기파 복사는 그 출력이 초당 4×10^{33} erg에 이르는데, 이는 앞의 표에 나와 있는 그 어느 것보다도 훨씬 크다. 지구 표면에 이르는 에너지 밀도에서도 그 값은 여전히 작다.

웨버의 실험

우주의 중력파를 수신해 보려는 최초의 시도는 미국인 과학자 웨버(J. Weber)에 의해 이루어졌다. 그는 중력파 신호를 수신할 수 있는 안테나를 고안하여 설치했다.

중력파의 수신 방법은 전자기파의 수신 방식과는 다르다. 전자기파의 수신은 매우 쉽다. 사람의 눈이나 사진 건판, 그리고 라디오 등은 모두 전자기파의 수신기이다. 이것들의 기본 작동 원리는 같은데, 전자기파가 전자에 작용되면 전자를 움직이게 하고 이 운동 효과를 통해 파가 탐지되는 것이다.

대조적으로, 중력파의 특수성은 물체를 돌리거나 뒤튼다는 데 있다. 〈그림 10-2〉는 둥그런 물체가 그 표면에 중력파가 입사할 때 진동하는 타

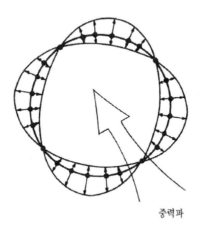

중력파

그림 10-2 | 중력파가 둥그런 표면에 입사하면, 이 둥그런 물체는 진동하는 타원체가 될 것이다

원체가 되는 것을 보여 주고 있다.

웨버의 중력파 안테나는 3.5톤 무게의 알루미늄 실린더이다. 실린더의 표면에는 실린더가 약간만 뒤틀려도 반응할 수 있도록 몇 개의 압전 변환기가 설치되어 있다. 중력파가 안테나에 이르면 실린더의 뒤틀림을 통해 파가 측정된다.

안테나의 작동 원리는 매우 간단하지만 이를 제작할 때는 대단한 어려움이 따른다. 많은 요인이 실린더의 뒤틀림을 초래할 수 있기 때문에, 뒤틀림을 일으킬지도 모를 외부 '잡음'을 제거해야만 중력파의 탐지가 가능해진다.

1969년, 웨버는 1968년 12월 30일부터 1969년 3월 21일까지 81일간의 관측에서 그의 안테나가 중력파를 두 번 수신했다고 발표했다.

웨버의 실험 결과 발표는 많은 물리학자 모임의 관심을 끌었다. 많은 나라에서 그의 실험을 반복해 보기 위한 중력파 실험팀들이 조직되었다. 그러나 웨버의 실험 결과 역시 많은 의구심을 불러일으켰다.

첫째로, 웨버가 수신한 것이 그가 발표한 대로 은하의 중심에서 온 중력파 신호였다면, 은하의 중앙에는 무엇인가 매우 격렬한 사건들이 일어나고 있었음이 틀림없는데, 천문 관측 자료들을 살펴봐도 전혀 이상한 기록을 찾아볼 수가 없다.

둘째로, 지구에 이르는 중력파의 에너지 밀도가 웨버가 말한 대로 10^{10}erg/㎠·s만큼이나 크다면, 그처럼 강한 중력파를 발생하기 위해서는 매년 태양의 만 배 크기의 질량이 은하의 중심에서 소모되어야 한다. 만약

그림 10-3 | 웨버와 그의 중력 탐지기

이것이 사실이라면 은하의 수명은 천만 년을 넘지 못했을 것이다. 그렇지만 천문학적 관측은 은하의 역사가 이미 100억 년가량 된다고 입증한다. 이것이 또 하나의 모순점이다.

더욱이, 이것은 앞서 두 가지의 논의보다 더 중요한 것인데, 웨버의 실험 결과는 다른 나라의 실험팀들의 실험에서는 반복해서 나타나지 않았다. 따라서 웨버의 결과는 일반적인 인정을 얻지 못해 왔다.

오늘날 실험실에 있는 중력파 안테나의 감도는 우주의 중력파를 탐지하기에는 너무 낮다는 것이 일반적인 견해다. 그러므로 다양한 방식으로 안테나의 감도를 개선하는 것이 지금 실험팀들의 목표이다.

쌍별의 중력파 발산 감쇠 현상

한편 천체물리학자들은 중력파 이론을 시험하기 위한 새로운 길을 모색해 냈다.

앞서 언급했듯이 쌍별은 전형적인 중력파 발산원이다. 중력파의 발산은 천천히, 그렇지만 확실하게 쌍별로부터 에너지를 빼앗아 갈 수 있다. 그 결과 쌍별의 주기가 짧아지는데, 이런 현상을 중력파 발산 감쇠 현상(Gravitational Radiation Damping)이라고 부른다.

만일 우리가 이런 현상이 존재하는 것을 입증할 수만 있다면, 비록 우리가 중력파를 직접 관측하지는 못했어도 중력파 발산에 대한 이론을 지지하는 기반은 찾은 셈이다. 그리고 이것이 천체물리학자들이 채택한 방법이다.

그러나 이 방법으로도 예측된 결과를 거의 얻어 낼 수가 없는데, 그 이유는 쌍별의 주기에 영향을 주는 부가적인 요인들이 많기 때문이다. 예를 들면, 두 별 사이의 질량 교환(그림 9-4)도 쌍별의 주기를 바꿔 놓을 수가 있다. 게다가 두 별 간의 조수 효과(Tidal Effect)도 변화를 유발할 수 있다. 지구물리학 및 고생물학적 분석에 의하면, 수억 년 전의 달의 지구 주위의 공전 주기는 오늘날과 달랐다고 한다. 이러한 변화는 지구와 달 사이의 조

수 효과에서 비롯되었다. 더욱이, 별 바람(Stellar Wind: 별에서 떨어져 나온 입자들의 흐름) 또한 쌍별의 질량을 감소시킬 수 있으며, 이로 인해 주기의 변화를 야기할 수 있다.

대체로, 쌍별의 주기에 영향을 주는 요인들은 두 가지 부류로 나뉠 수 있다. 첫 번째는 상대성 효과인 중력파 발산 감쇠 현상이다. 다른 하나는 태양의 조수 현상과 같은 비상대성 요인들로 이루어진다. 중력파 발산 감쇠 현상 이론의 시험 목적에 맞는 쌍별계라면 반드시 다음의 요구 조건을 만족시켜야 한다.

상대성 요소 》 비상대성 요소

일반 상대론에 의하면, 중력파 발산 감쇠 현상은 쌍별계에서의 두 별 사이의 거리 a의 5제곱(즉, a5)에 반비례한다. 따라서 상대성 효과를 측정하기 위해서는 두 별 사이의 거리가 짧은 것을 선택해야 한다. 한편, 조수 효과는

$$\left(\frac{R}{a}\right)^3$$

에 정비례하며, 여기서 R은 별의 반지름이다. 그러므로 비상대성 요인을 줄이기 위해서는 별 사이의 거리가 큰 것이 요구된다.

이러한 두 요구 조건은 서로 모순된다. 따라서 태양과 같은 별들로 구성된 쌍별계는 결코 두 조건을 한꺼번에 만족시킬 수가 없다.

이상에서 우리는, 오직 별의 반지름 R이 충분히 작을 때만 비상대성 요인이 매우 작아져서, 상대성 요인이 지배적일 수 있게 된다는 것을 볼 수

있다. 그러므로 오직 두 개의 고밀도별(R이 매우 작음)들로 구성된 쌍별계들만이 중력파 이론의 시험에 유효한 천체 실험실이 될 수가 있다.

1974년까지만 해도 두 별 모두가 고밀도별들인 쌍별은 발견되지 않았다.

PSR1913+16 : 이상적인 상대성 천체 실험실

1974년 말경 미국의 전파천문학자 헐스(R. Hulse)와 테일러(J. Taylor)는 PSR1913+16*이라고 불리우는 전파 펄서를 발견했다. 그때까지 발견된 다른 모든 펄서들이 각각 하나의 독립된 별들이었던 것에 반해, PSR1913+16만은 쌍별계 중의 한 별이었다는 점에서 이 펄서는 다른 펄서들과 달랐다.

이 펄서의 맥동 주기는 매우 짧아서 겨우 0.059초에 지나지 않는다. 발견된 모든 전파 펄서들의 주기 가운데 이 펄서의 것만이 게성운 펄서(제9장 참조)의 맥동 주기보다 길다. 게다가 쌍별계의 주기는 매우 짧고(8시간 이하), 그러면서도 궤도의 편심률은 매우 크다. 한 경우에 이와 같은 모든 특성들이 결합되기란 극히 드문 일이다. 이 펄서는 많은 관심을 끌어왔다.

이 쌍별계에서는 오직 FSR1913+16만이 관측 가능하다. 다른 한 별의 정체는 무엇인가? 이에 대해서 우리는 단지 쌍별계의 진화에 근거한 몇 가지 가설만을 만들 수가 있다.

---

* PSR은 펄서(pulsar)의 약자임; 1913은 적경(right ascension), 16은 적위(declination).

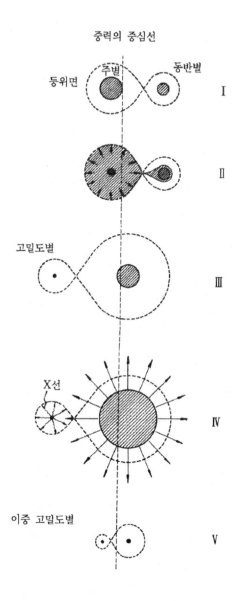

그림 10-4 | 서로 근접한 쌍별의 주요 진화 단계

〈그림 10-4〉에 보이는 것처럼 쌍별계의 진화는 대략 다섯 단계를 거친다. 첫 단계에서는, 이들은 아직 두 개의 보통 별이다. 둘째 단계에서는, 질량이 큰 별이 팽창을 시작하여 그 물질의 질량이 작은 별로 끊임없이 흘러간다. 셋째 단계에서는, 질량이 큰 별은 초신성 폭발을 겪게 되고, 결과적으로 하나의 고밀도별이 된다. 넷째 단계가 되면, 질량이 작은 별의 팽창이 시작되어 그 물질이 고밀도별로 계속 흘러간다. 이때는 쌍별계가 반드시 X선을 방출하는 계여야 한다. 다섯째 단계에서는, 질량이 작은 별이 초신성 폭발을 겪게 되고, 그래서 계는 두 개의 고밀도별을 갖게 된다.

초신성 폭발 동안에 많은 양의 에너지가 방출되는데, 이로 인해 통상 쌍별계의 와해를 초래한다. 이러한 이유로 하나의 쌍별계가 고밀도별 한 개를 갖기가 힘들다. 쌍별계의 형성에는 두 번의 초신성 폭발이 필요하다. 이 두 번의 폭발이 계를 와해시키지 않는다는 것은 참으로 드문 일이 아닐 수 없다. 이것이 자연에 두 개의 고밀도별들로 된 쌍별계가 드문 이유이다.

PSR1913+16의 특성으로부터 판단하건대, 보이지 않는 다른 별도 고밀도별임에 틀림없다. PSR1913+16이 X선을 발산하지 않기 때문에 이 쌍별계는 넷째 단계에는 있을 수 없다. 게다가, 계의 두 별 사이의 거리가 매우 짧으므로 이는 셋째 단계(즉, 다른 별은 고밀도별이 아님)에 있을 수 없다. 첫째와 둘째 단계는 고밀도별을 포함하지 않으므로 고려 대상에서 제외할 수 있다. 따라서 오직 한 가지 가능성만 남아 있는데 즉, PSR1913+16은 두 개의 고밀도별로 된 쌍별계 중의 한 별이다.

70년대 중반에 PSR1913+16은 유일하게 알려진 이중 고밀도별계였다. 아직도 이것은 중력파 이론을 시험하기 위한 유일한 우주실험실로 남아 있다.

검증된 중력파 발산 감쇠 현상

일반 상대론에 의하면, 이중 고밀도별계의 회전 주기의 감소는 주로 중력파 발산 감쇠 현상에서 비롯된다. 따라서 PSR1913+16의 주기가 감소하고 있다는 것을 진실로 확인하게 되면, 이는 이 이론의 온당성에 대한 명백한 증거가 된다.

테일러 및 몇몇 사람들은 4년 남짓 동안 연속하여 PSR1913+16의 모니터 관측을 실시했다. 이들의 측정 횟수는 천 번이 넘었으며 관측 자료의 정밀도는 10억 분의 1을 능가했다. 이 자료들은 실로 쌍성계의 주기가 꾸

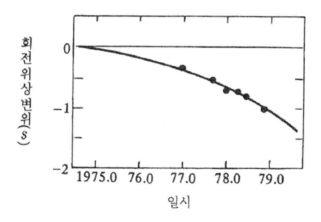

그림 10-5 | PSR1913+16의 시간에 대한 회전 위상 변위

준히 감소하고 있다는 것을 확인해 주었다. 〈그림 10-5〉는 시간에 대한 회전 위상의 변화를 보여준다. 만약 회전 주기가 감소하지 않는다면 선은 수평선이 되어야 한다. 점들은 관측 결과를 나타내고, 곡선은 중력파 발산 감쇠 현상 이론에 따라 계산된 결과이다. 이론과 관측이 명백하게 일치하고 있다.

중력파 발산 감쇠 현상의 정량적인 증명은 매우 중요한 의미를 갖는다. 다시 한번, 관측을 통해 일반 상대론의 정확성이 설득력 있게 입증되었다. 이 성공은 중력 물리학의 발전을 매우 촉진시켜 주었다.

이 성공도 역시 중성자별의 발견처럼 각종 연구의 정교한 결합에 의한 결과이다. 이론적인 측면에서 보면, 이는 일반 상대론 및 쌍별계의 진화론 그리고 각종 주기 변화의 계산 등을 포함한다. 실험 측면에서는, 정밀한 시간 기록과 X선 및 광학 측정 장치 외에도 오늘날 가장 큰 전파 현미경(구경 300m)이 사용되었다.

19세기의 해왕성 발견이 뉴턴의 중력 이론을 입증한 가장 빛나는 관측 결과였다고 한다면, 이 20세기의 중력파 발산 감쇠 현상의 확인은 상대성 중력 이론을 입증한 가장 찬란한 관측 결과로 간주할 수 있을 것이다.

제11장

뉴턴의 우주에서 팽창 우주까지

유한 경계에서 무한 무경계까지

이 장에서는 마지막으로, 가장 위대한 물리학적 문제인 우주론에 관해 언급하고자 한다.

고전 역학에서 상대론으로 발전되어 가는 과정에서 우주의 물리적 구조에 관한 인간의 인식에는 어떤 변화가 있어 왔는가?

갈릴레오와 뉴턴 이전에는 우주의 구조에 대해 전통적으로 〈그림 11-1〉에 예시된 것처럼 인식했었다. 그것은 유한하고 경계가 있는 우주였다. 우주의 맨 바깥층은 항성들이 있는 하늘로 되어 있고, 그 밖으로는 아무 공간이 존재하지 않는다. 이것이 코페르니쿠스의 지동설에서 우주의 경계인데, 이 이론은 태양이 우주의 중심이 되며, 유한한 경계를 가진 구조가 보존된다고 주장한다.

뉴턴 이후에는, 우주는 무한하고 경계가 없다는 견해가 보편적으로 채택되어 왔다. 다시 말해서, 우주의 부피는 무한대이며 공간상의 경계를 갖지 않는다는 것이다. 우주 공간은 유클리드의 3차원의 무한 공간이다. 즉 위아래, 좌우, 앞뒤 어느 방향으로나 공간이 무한대의 거리까지 연장될 수 있다.

이러한 뉴턴의 무한 상자에는 천체물들이 어느 곳에나 흩어져 있고, 천체물의 수도 무한대이다. 어느 방향으로 가 보아도 그 끝이 보이지 않을 것이다.

무엇보다도 뉴턴 이론의 보편성과 마찬가지로, 우주의 공간이 무한하다는 것도 고전 물리학에서는 사실로서 받아들여졌다.

그림 11-1 | 천동설에서의 우주 구조

물론, 무한 우주에 관한 자연 철학은 중세의 종교적 우주론의 정신적 속박을 타파하는 데 결정적 역할을 했었다. 코페르니쿠스와 갈릴레오, 뉴턴 등으로 대표되는 과학적 혁명이 지구가 우주의 중심이라는 개념을 실로 무너뜨렸다. 이 혁명을 회고만 해도 끝없는 경의에 사로잡히게 된다.

그러나 위대한 업적으로 인해 경외감을 불러일으키는 명성이 종종 후계자들을 너무 감동시켜서, 그들로 하여금 그 결과들 중에서 어느 것이 실로 증명된 진리이고 어느 것이 추측이나 가설로 남아 있는가를 고려하는 것을 거절하거나 혐오하게끔 할 수도 있다. 사실, 우주 공간이 3차원의 유클리드 공간이라는 것과 뉴턴의 이론이 우주론에 적용될 수 있다는 것은 추측이나 가설의 영역에 속하는 두 개의 견해일 뿐이다. 비록 사람들은 습관적으로 이러한 견해를 당연하게 받아들이지만, 이것들은 전혀 증명된 사실이 아니다.

뉴턴의 무한 우주의 문제점

상대론적 우주론의 발전 과정에서, 아인슈타인이 착수한 첫 단계는 뉴턴의 무한 우주의 개념에 남아 있는 모순과 비일관성을 지적하는 것이었다.

뉴턴 역학에서 유한 역학계의 운동을 논하는 방식은, 무한대의 거리에서 중력 위치 에너지 φ가 일정한 값이 되는 그러한 기준계를 선택할 수 있다는 가정에 기초를 둔다. 이러한 조건은 유한 영역 내의 천체물의 운동에 관한 문제 해결에는 다소 결정적이다. 하지만 물체들이 균일하게 분포되어 있는 무한 우주라는 뉴턴식 사고를 받아들이고 보면, 뉴턴 역학에 의한 중력 위치 에너지 φ는 무한대에서 일정할 수 없게 되어, 먼저의 가정에 모순이 되는 결론에 이르게 된다. 반면에 무한대에서 값이 상수가 되려면, 편의상 우리는 물질이 무한 공간 전체에 균일하게 분포되어 있다는 가정을 버리고, 그것이 주로 우리 주위의 한정된 영역에 집중되어 있다고 믿어야 한다. 그런 이유로, 비록 φ가 무한대에서 상수가 된다고 해도, 물질세계는 유한해야만 한다.

그러므로 뉴턴 역학은 무한 우주에서 물리 체계의 운동학을 기술(정확한 기술은 말할 필요도 없이)하기에는 원칙적으로 적합하지 않다. 뉴턴의 이론이나 무한 공간의 개념은 둘 다 수정되어야만 한다. 이것이 아인슈타인이 우주론에 제공한 '단순'하지만 가장 핵심적인 논점이다.

'바보스러운' 문제

하지만 아인슈타인이 가져다준 문제에는 무슨 의미가 있는가?

한 가지 논지는 우주가 너무 크고 복잡하여 이를 운동학적 물리 체계로 논의해서는 아무런 중요한 결실을 얻을 수가 없다는 것이다.

하지만 이러한 종류의 '해답'이 아인슈타인을 조금이라도 만족시킬 리가 만무하다.

"만약에 나더러 이 연구에서 그토록 많은 것을 버리라고 요구한다면, 이는 참으로 슬픈 일일 것이다. 만족스러운 이해를 얻으려는 이 모든 노력이 전혀 헛되고 쓸모없는 것으로 판명 나지 않는 한, 나는 결코 그러한 결정을 하지는 않을 것이다."

아인슈타인은 결코 그러한 결정을 하지 않았다. 사실 그는 언제나 그의 연구에 대해 확고부동한 자세를 견지했었다. 그는 우주에 어떤 가장 고귀한 보편성이 반드시 존재한다고 굳게 믿고 있었다. 그는 항상 '인류에 대해서가 아니라, 우리 인류가 태어난 자연의 기묘한 조화에 대해서 감탄과 신앙적 믿음'을 가슴에 품고 있었다.

아인슈타인이 이 문제의 연구에 착수했을 때, 그는 시터(W. de Sitter)에게 쓴 편지에서 이렇게 말했다. "우주는 무한히 연장되어 있을까 아니면 유한하게 닫혀 있을까? 이 질문에 답하기 위해 하이네는 그의 한 시에서 '오직 바보 천치만이 해답을 기대할 것이다'라고 했다네." 실로, 물리학자들이나 천문학자들을 사로잡는 많은 문제가, 가장 상상력이 풍부한 시인들의 눈에도 어리석은 것으로 보인다. 오직 바보들만이 그러한 문제들에 열정을 낭비하는 것으로 생각할 수도 있다. 하지만 사실은 그렇지가 않다. 자연 과학에서는 우리가 공부할 만한 가치가 없는 자연 문제는 하나도 없다고 말할 수 있다. 세상에는 '바보 같은(Idiotic)' 문제들이 아닌 바보 같은 대답들로 가득 차 있다. 사람들이 어떤 질문은 '무의미하다'라고 말할 때, 그들은 아마 바보 같은 대답을 던지고 있을 것이다.

아인슈타인이 이 문제에 연구가 필요하다고 느낀 또 하나의 이유는, 당시 강한 중력장 문제를 포함하는 분야는 오직 우주론뿐이었기 때문이다. 뉴턴의 고전적 개념을 따라, 만약 천체물들이 전체 우주에 걸쳐 대략 균일하게 분포되어 있고 그 평균 밀도가 ρ라면, 지름이 R인 구의 총질량 M은 대략 $\rho R3$이 된다.

이 구에 대해,

$$\frac{GM}{c^2 R} \approx \frac{G\rho}{c^2} R^2$$

이 되고, 이로부터, R이 충분히 클 때 그 값이 1에 접근한다는 것은 자명하다*. 따라서 우주론의 문제들을 다루는 데 있어서 원칙적으로는 뉴턴의 이론을 사용할 수가 없다. 이러한 문제에서는 일반 상대론이 뉴턴 이론의 조그만 수정(뉴턴-이후의 문제에서 다룬 것처럼)이 아니라, 뉴턴 이론의 근본적인 변화를 불러일으킨다.

---

* $\frac{G\rho}{c}$ 가 매우 작은 값이므로, 만약 R이 충분히 커지면 $\frac{G\rho}{c} R^2$ 이 1에 접근하는 값이 된다.

유한 무경계의 우주

근본적인 차이는, 일반 상대론이 우주 공간은 3차원의 무한 유클리드 공간이라는 선험적인 가설을 반박하는 데 있는데, 그 이유는 우주 공간의 구조가 우주 내의 물체의 운동과 무관하지 않기 때문이다.

아인슈타인이 내세운 첫 번째 우주 모형은 아리스토텔레스의 유한 경계 체계도 아니고 뉴턴의 무한 무경계 체계도 아닌 유한 무경계 체계이다. 유한하다는 것은 공간의 체적이 유한하다는 것을 뜻하고, 무경계는 이 3차원 공간이 더 큰 3차원 공간의 일부가 아니라 이미 모든 공간을 다 포함하고 있다는 것을 뜻한다.

우주론의 역사에서 보는 바와 같이, 유한 무경계의 개념이 아인슈타인의 우주 모형에서 처음 등장한 것은 아니다. 우리는 제1장에서 이미 아리스토텔레스가 지구는 끝없는 평원이 아니라 하나의 구라고 주장했다는 것을 언급했다. 사실 이것은 무한 무경계의 평원의 구조를 유한 무경계의 구의 구조로 대치한 것이다. 구면은 2차원의 유한 무경계 체계이다. 구의 표면을 따라서 횡단을 하다 보면 아무도 결코 그 끝에 이를 수가 없다.

만약 우리가 아리스토텔레스의 2차원적 유한 무경계의 개념을 3차원으로 전환해 보면, 우리는 아인슈타인의 3차원적 유한 무경계 체계를 얻을 수 있을 것이다. 많은 면에서 이 두 개념은 유사하다. 예를 들면, 구면이 2차원의 곡면인 반면에 유한 무경계의 3차원 공간은 굽은(Curved) 공간이다. '굽은'이라고 함은 본질적으로 유클리드의 기하학과는 거리가 멀다는 뜻이다. 예를 들면 구면(2차원)에 대해 우리는 다음의 방법으로 측정할 수 있다. 〈그림 11-2〉에서 보는 바와 같이 점 A에서 출발하여 대원을 따라 점 B로 이동한다. A와 B 사이의 길이를 R이라고 부른다. 그리고 A를 중심으로 한 반지름 R인 원주(1차원)를 그린다. 이 원주의 길이는 l이라고 하자. 유클리드의 기하학에서

$$\frac{l}{R} = 2\pi$$

가 되지만, 구면의 경우에는

$$\frac{l}{R} < 2\pi$$

가 된다. 따라서 구면은 평면 기하학에서 논하는 평면이 아니라 곡면이다.

유추를 통해 2차원의 구면을 3차원의 굽은 유한 무경계 공간으로 전환해 보면, 우리는 다음 방법으로 이를 측정할 수 있다. 앞의 예와 같이 점 A에서 B 사이의 길이를 R이라 하고, 1차원의 원주를 점 A에 중심을 둔 반지름 R인 2차원의 구면으로 전환해 보자. 구면의 넓이는 S라고 하자. 유클

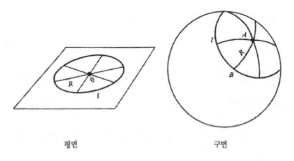

평면   구면

그림 11-2 | 구면은 곡면이다. 구면 기하학은 평면 기하학(유클리드의 기하학)과는 다르다

리드의 기하학에서

$$\frac{S}{R^2} = 4\pi$$

가 되는 반면에, 아인슈타인의 유한 무경계 모형에서는

$$\frac{S}{R^2} < 4\pi$$

가 된다.

말하자면, 아인슈타인의 모형에는 뉴턴 체계의 모순이 더 이상 존재하지 않는다. 물론 모순이 없다는 것은 단지 이론이 옳기 위한 필요조건이지 충분조건은 아니다. 이론에 대한 중요한 시험 단계는 이론과 관측 결과를 비교해 보는 것이다.

팽창 우주

아인슈타인의 첫 모형에 이어, 다른 우주론자들에 의해 다른 모형들이 제시되었다. 그중에서 프리드만(A.Friedmann)과 르마이트르(G. Lemaitre)는 개별적으로 팽창 우주 모형을 제안했다. 팽창 우주는 시간이 지남에 따라 우주의 특성 길이의 규모가 계속해서 증가하고 있다는 것을 뜻한다. 3차원의 유한 무경계 체계를 유추하기 위해 역시 2차원의 유한 무경계 구면을 사용하면, 팽창하는 2차원의 구는 〈그림 11-3〉과 같이 움직일 것이다.

그림에서 조그만 반점들은 구면 위의 물체들을 나타낸다. 구면이 팽창

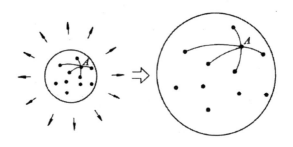

그림 11-3 | 팽창하는 구면 위에서 임의의 두 점 사이의 거리는 점점 더 멀어진다

하면 반점들은 드문드문해져서 임의의 두 점 사이의 간격이 계속해서 멀어지게 된다. 이제 한 관측자가 어느 한 반점 위에 서 있다고 상상해 보자. 그는 다른 모든 점이 자신으로부터 멀어져 가고 있음을 발견할 것이다. 더욱이, 그에게 더 가까이 있는 반점들은 더 느린 속도로, 그리고 더 멀리 있는 반점들은 더 빠른 속도로 멀어져 간다. 두 반점 간의 거리가 멀면 멀수록 서로 멀어져 가는 속도는 더 커지게 된다.

1929년에 미국의 천문학자 허블(E. Hubble)은 모든 외계 은하들의 스펙트럼이 적색편이(Red Shift)를 보이는 것을 발견했다. 적색편이는 스펙트럼선에서 파장의 증가(또는 주파수의 감소)를 말한다. 어떤 원자가 만들어내는 스펙트럼선의 고유 파장이 λ_0라면, 외계 은하에서 나오는 스펙트럼선의 파장 λ는 일반적으로 λ보다 크게 나타난다. 흔히 적색편이의 크기를 나타내는 데는 $z=(\lambda-\lambda_0)/\lambda_0$를 쓰며, z는 단순히 '적색편이'로 일컬어진다.

이런 종류의 적색편이의 성격으로부터 우리는 이것이 도플러 효과에 기인한 것으로 생각할 수 있다. 도플러 효과는, 광원이 관측자에 대해 상

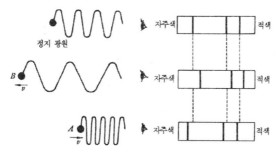

그림 11-4 | 도플러 효과

대적인 운동을 할 때 관측자가 수신하는 빛의 파장은 광원이 정지 상태일 때의 것과는 다르다는 것이다. 〈그림 11-4〉에서 보는 바와 같이, 광원 A 는 관측자를 향해 이동하고, 광원 B는 관측자로부터 멀어지고 있다고 하자. 만약 두 광원 A와 B의 파장이 $\lambda 0$로 같다면, 관측자가 수신하는 두 빛줄기의 파장은 서로 다를 것이다. 관측자의 눈에는 광원 A의 파장 λA가 $\lambda 0$보다 작은 반면에 광원 B의 파장 λB는 $\lambda 0$보다 커 보인다. 우리는 흔히 광원 A의 파장은 청색 편이(Blue Shift)가 되었다고 하고, 광원 B의 파장은 적색편이가 되었다고 말한다. 상대 속도가 크면 클수록 적색 또는 청색 편이도 커진다.

외계 은하들의 적색편이를 도플러 효과의 방법으로 설명하는 것은 은하계가 우리로부터 멀어져 가고 있다는 것을 암시한다. 허블은 또한 외계 은하의 적색편이량은 그 은하가 우리로부터 얼마나 떨어져 있는가와 관련되어 있음을 발견했다. 가까운 은하일수록 적색편이량이 적고 먼 은하일수록 그 값은 더 크다(그림 11-5). 이런 특성을 일반적으로 허블 관계라고

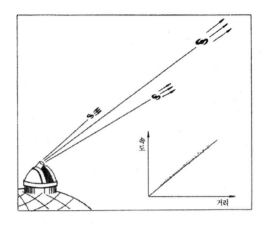

그림 11-5 | 멀리 떨어진 은하일수록 우리로부터 빠르게 멀어져 간다

부른다. 일상 용어로 이야기하면, 허블 관계는 외계 은하가 우리로부터 멀리 있을수록 더 빠른 속도로 멀어져 간다는 것을 뜻한다.

허블이 연구해 본 은하들은 모두가 z⟨0.003이라는 작은 크기의 적색편이를 보인다. 그 후 수십 년 동안에 훨씬 큰 적색편이를 보이는 은하들이 대단히 많이 발견되었다. 알려진 은하 중에서 적색편이가 가장 큰 것은 z≈1에 이른다. 이처럼 엄청난 크기에서도 허블 관계는 여전히 성립한다. 지금까지의 모든 관측 결과는 팽창 모형의 예측과 잘 일치한다.

팽창 우주의 개념은 전통적 우주론 개념을 근본적으로 바꿔 놓았다. 전통적인 개념에서는, 비록 우리의 은하계라는 '미시'적 영역에 있는 태양 및 천체물들이 운동을 하고는 있지만, '거시'적 관점에서 보면 천체물들은 반드시 정지 상태에 있어야 한다고 되어 있다. 다시 말해서, 더 '거시'적 규모의 측면에서 본 천체계의 평균 속도는 0이 되어야 한다는 것이다. 이러한 개념은, 우리가 육안으로 바라보는 천체 파노라마에서는 별들이 동쪽에서 떠서 서쪽으로 지는 것 이외에는 어떤 다른 변화도 거의 목격할 수 없다는 사실에 의해 형성될 수 있다. 심지어 아인슈타인마저도, 비록 그의 중력장 방정식을 풀어 보면 우주가 운동 상태에 있어야 한다는 것이 됨에도 불구하고, 이러한 고전적 개념의 굴레에서 벗어나지를 못했다. 그는 거시적 운동이 받아들여질 수 없다고 느낀 뒤로는 자신의 중력장 방정식을 수정해서라도 어떻게든 정지 우주 모형을 만들어 보려고 심혈을 기울였다. 은하계의 적색편이가 발견된 뒤로 그는 자신이 시도해 온 것에 대해 후회했다. 사실 우주의 팽창은 그의 일반 상대론의 필연적 결과임에도 불구하고 그는 한때 이를 반대했던 것이다. 훗날 그는 그때의 그런 시도가 그의 인생에서 '가장 큰 오점'이라고 진술했다.

우주 대폭발론

만약 우주가 팽창하고 있다면 이전의 우주는 지금보다 크기가 작고 밀도는 컸음에 틀림없다. 따라서 우주는 그 초기 단계에서 매우 고밀도 상태였을 수 있다. 물질의 밀도가 믿을 수 없을 만큼 커서 오늘날 별빛으로 가득 찬 우주와는 전혀 딴판이었을 것이다.

이러한 단서를 따라 우주의 발전 역사를 연구해 보면, 우리는 소위 우주 대폭발론(Big-bang Cosmology)을 얻게 된다. 현재 고온 우주 대폭발론은 가장 널리 알려져 있는 우주론이다.

이 이론의 주요 관점은 우리 우주의 역사가 고밀도에서 저밀도 상태로, 그리고 고온에서 저온 상태로 진화되는 역사를 갖는다는 것이다. 더 구체적으로 말해서, 100억여 년 전에 대폭발이 일어났다. 이때 우주의 물질 밀도는 심지어 핵의 밀도보다도 컸고, 온도 또한 매우 높아서 1조 도 이상에 이르렀다. 폭발의 초기 단계 동안은 우주의 물질이 중성자와 양성자, 전자, 광자, 중성미자(Neutrino), 뮤온(Muon), 중간자(Meson), 하이퍼론(Hyperon) 등과 같은 다양한 종류의 입자들로 구성되어 있었다. 이러한 입자들은 끊임없이 서로 충돌을 하면서 한 형태에서 다른 형태로 전이를 계속했다. 우주 전체는 기본적으로 열적 평행 상태에 있었다. 예컨대, 전자와 양전자(Positron)가 서로 충돌하여 사라지면서 두 개의 감마선을 만들어 내고, 유사하게, 감마선들끼리 서로 작용하여 전자-양전자 쌍들을 만들어 내기도 한다. 1초 동안에 수백경 번의 입자 전이가 이루어질 수 있는데, 매 전이마다 반대되는 전이가 이루어져 균형을 이루게 된다. 이것은 우주의 최초 단계의 이야기이다.

이러한 최초 단계는 매우 짧아서 아마 1분 이내일 것이다. 우주 전체가 계속 팽창하기 때문에 온도는 급격히 떨어진다. 그렇게 되면 우주의 진화는 다른 단계로 접어들면서 중성자가 독립적으로 존재할 수 있는 여건을 잃기 시작한다. 중성자는 분해되거나 양성자와 결합하여 중수소나 헬륨 등의 원소를 형성하게 된다. 약 30분가량 지속되는 이 기간 동안에 우주의 화학 원소들이 형성되기 시작했는데, 이때 온도는 약 1억 도 정도였다.

아직 고온이 유지되던 수십만 년의 기간 동안에 우주의 열복사는 매우 강렬했다. 이때 열복사 및 다른 입자들은 평형 상태에 있었다. 이 단계 이

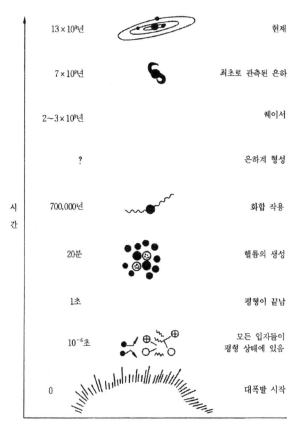

시 간		
13×10^9년		현재
7×10^9년		최초로 관측된 은하
$2 \sim 3 \times 10^9$년		퀘이서
?		은하계 형성
700,000년		화합 작용
20분		헬륨의 생성
1초		평형이 끝남
10^{-6}초		모든 입자들이 평형 상태에 있음
0		대폭발 시작

그림 11-6 | 고온 우주 대폭발론에 의한 우주의 주요 진화 단계

후로 물질의 밀도는 더욱 감소되었다. 온도가 수천 도 정도로 떨어진 다음에야 거시적으로 본 열복사의 입자들에 대한 영향이 감소되기 시작했고, 열복사도 물질의 영향을 받지 않고 자유롭게 전파해 가기 시작했다. 우주의 팽창에 따라 자유 열복사의 온도는 점차 낮아지게 되었는데, 그 고유의

특성은 여전히 유지되었다*.

열복사 및 다른 물질 사이의 상호 작용을 무시할 수 있을 만큼으로부터 현재까지는 100억 년 이상이 흘렸다. 우주 진화 단계의 역사에서 이 기간이 가장 길다. 이 기간의 초기 단계에는 우주 물질은 주로 기체 형태를 띠고 있었고, 이로부터 점차로 별구름(Nebula)들이 형성되었다. 별구름들은 곧 은하계의 별무리(Star Cluster)나 항성, 행성 등으로 변해 오늘날 우리가 보는 별로 가득 찬 우주의 형태를 이루게 되었다.

〈그림 11-6〉에는 고온 우주 대폭발론에 의해 기술된 우주 진화의 주요 단계가 나타나 있다.

하지만 어떤 사실들이 고온 우주 대폭발론을 지지해 주는가?

물체들의 나이

고온 우주 대폭발론을 지지하는 첫 번째 사실은 천체물들의 나이이다. 우주 대폭발론이 우주의 나이를 100억 년이 약간 넘는 것으로 보기 때문에, 별들의 나이는 이보다 적어야만 한다. 관측 결과는 이 주장을 지지하고 있다.

천체물의 나이를 측정하는 한 가지 방법은 방사능 동위 원소를 이용하는 것이다. 예를 들면, 우라늄은 235U와 238U의 두 가지 동위 원소로 존재한다. 이들은 둘 다 방사성이 있는데, 반감기는 서로 다르다. 앞의 것의

---

* 어떤 온도에서 열적 평형이 이루어지면, 열복사 강도는 주파수에 따른 분포를 보인다. 이처럼 주파수에 따른 복사를 열복사라고 부른다.

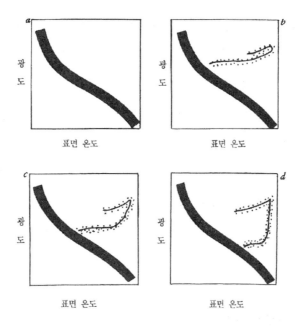

그림 11-7 | 헤르츠슈프룽 – 러셀의 별무리 도표

반감기는 7억 년인 데 반해 나중 것은 45억 년의 반감기를 가지고 있다. 235U의 붕괴가 훨씬 빠르기 때문에, 시간이 지남에 따라 235U의 양이 238U에 비해 점점 더 적어지게 된다. 따라서 235U와 238U의 양을 비교해 봄으로써 천체물의 나이를 측정할 수 있다. 이러한 동위 원소 연대법에 의하면 태양계의 나이는 약 45억 년이고, 태양계 내의 우라늄 원소는 50억 내지 110억 년 전 사이에 형성되었다.

나이를 탐색하는 또 다른 방법은 공 모양의 별무리들을 연구해 보는 것이다. 공 모양의 별무리는 거의 100만 개에 이르는 별들로 이루어진 체계이다. 우리는 이 계 내의 모든 별에 대해서 각각의 광도와 온도를 측정할 수 있다. 이 자료를 가지고 수평축은 표면 온도 그리고 수직축은 광도를 나타내는 도표를 그릴 수가 있다. 별무리의 별들에 해당하는 점을 도표에 그려 넣으면 별무리에 따라 각기 다른 분포 형태가 나타나는 것을 볼 수 있는데, 별의 진화 이론에 의하면 이것은 사실상 나이가 다름을 암시한다. 〈그림 11-7〉의 도표는 나이가 많은 순서로 a에서 d까지 배열되어 있다. 이 도표를 이용하면 우리는 공 모양의 별무리들의 나이를 추정할 수가 있다. 이들 중 가장 나이가 많은 것은 90억 년 내지 150억 년에 이른다. 이상의 결과 중 어느 것도 우주 대폭발론의 요구 사항에 모순되지 않는다.

초단파 배경 복사

또한 우주 대폭발론은 우주의 초기 단계에 있었던 어떤 열복사가 지금도 일어나고 있을 것이라는 예견을 한다. 이 열복사는 현재의 우주의 온도를 반영한다.

1965년에 벨전화사 실험실의 펜지아스(A. Penzias)와 윌슨(R. Wilson)은 통신 위성용 지상 무선국을 설치하는 일에 가담하고 있던 중 수신을 방해하는 어떤 알 수 없는 '잡음'을 발견했는데, 이를 제거할 방법이 없었다. 이때 안테나는 7.35㎝의 파장 영역에서 작동하고 있었다. 나중에 이 소식이 프린스턴 대학의 일부 천체물리학자들에게 전해졌고, 그들은 이것이 고온 대폭발론에 의해 예측되는 일종의 우주 복사라는 결론을 내렸다. 이 복사는 우주 전체에 퍼져 있으므로 제거할 수 없는 '잡음'을 형성하게 된다.

최근 십여 년 동안 이 복사에 관한 연구가 반복해서 실시되어 왔다. 이제는 이것이 우주의 전 공간에 균일하게 퍼져 있고 그 온도는 절대 온도로 3도(섭씨로는 약 -270도)가 되는 일종의 열복사라는 것이 확실하게 입증되었다. 이것이 우주 대폭발론을 지지하는 또 하나의 사실이다.

헬륨의 부존 비율

자연에는 90여 가지의 화학 원소들이 있는데, 자연에서 이들의 부존 비율(Abundance)은 같지 않다. 천체의 규모에서 보면 수소와 헬륨이 가장 흔한 원소들이며, 이 둘의 합은 전체 질량의 99%를 차지하여 나머지 원소들의 합은 겨우 1% 정도밖에 안 된다. 게다가, 우주론의 시각에서 특히 중요한 것은 많은 형태의 천체물 내의 수소와 헬륨 사이의 비가 약 3:1 정도로 거의 같다는 것이다. 다음 표에는 여러 가지 별체계 내의 헬륨의 부존 비율이 나타나 있다.

별체계	헬륨 부존 비율
은하수	0.29
소마젤란 구름	0.25
대마젤란 구름	0.29
M33	0.34
NGC 6822	0.27
NGC 4449	0.28
NGC 5461	0.28
NGC 5471	0.28
NGC 7679	0.29

천문학에서는 헬륨의 부존 비율에 관한 문제가 오랫동안 수수께끼로 남아 있었다. 한편으로는, 왜 다른 종류의 천체물이 같은 크기의 헬륨 부존 비율을 가져야만 하는가를, 다른 한편으로는 왜 그 값이 30% 정도가 되는가를 설명할 수가 없었다.

우주 대폭발론이 헬륨의 부존 비율을 정량적으로 설명해 줄 수 있다. 우주 초기 단계의 처음 수십 분 동안에는 헬륨의 생성 효율이 매우 높았다. 우주의 팽창 속도 및 열복사 온도의 측정 결과에 의해, 우리는 우주 초기 단계에서 생성된 헬륨의 부존 비를 계산할 수 있는데, 계산 결과는 정확하게 30%이다. 다시 말해서, 오늘날 다양한 천체물에서 발견되는 30%의 헬륨 부존 비율은 아마 100억여 년 전에 일어났던 대폭발이 남겨 놓은 발자국일 것이다.

우주 대폭발론은 발전하고 있는 이론이다. 앞서 언급했던 성공 사례들 외에 아직 해결되지 않은 일련의 과제들도 있다. 하지만, 이러한 정확한 실험들과 신중한 사고에 힘입어 고전 우주론으로부터 현대 우주론으로 진보가 이루어지고, 오늘날 우리는 심지어 100억여 년 전에 발생했던 많은 일들에 대해서도 판단할 수 있는 능력을 갖게 된 것이다. 이것은 인간 지능의 가장 위대한 승리로 간주되어 마땅하다.

제12장

아인슈타인 이후

통합의 추구

아리스토텔레스에서 뉴턴을 거쳐 아인슈타인에 이르는 과학의 발전을 상기해 보면, 우리는 자연 과학의 지속적인 추진력, 즉 다양한 물리 현상을 지배하는 통일된 법칙 및 모든 형태의 물질들의 단일화된 근원을 추구하려는 끊임없는 노력을 확인해 볼 수 있는 것 같다.

오랜 옛날에 아리스토텔레스는 우리의 잡다한 세계가 일램(ylem)이라고 불리는 한 가지 물질에서 비롯되었다고 주장했었다. 하지만 이것은 하나의 철학적 추측에 불과하다. 과학적 의미에서 최초의 통합을 보인 것은, 천체물의 운동뿐만 아니라 지표면 근처의 물체의 낙하 운동을 지배하는 법칙인 뉴턴의 만유인력 법칙이다. 이는 이미 제1장에서 언급한 사항이다.

두 번째의 도약은 19세기에 맥스웰(J. Maxwell)에 의해 완성된다. 그는 전자기 이론을 세워서 전기 현상과 자기 현상, 광학 현상 등을 통합했다.

특수 및 일반 상대론을 세우고 나서 아인슈타인은 여생을 중력과 전자기력의 통합 추구에 쏟아 넣었다. 한때 그는 이렇게 말했다.

"…일반 상대론 중에서 명백한 진리라고 간주되어 온 부분들이 물리학을 위한 완전하고 만족스러운 기조를 제공해 주었다고 말하기에는 아직 이르다. 무엇보다도 먼저, 일반 상대론에 등장하는 일반적인 장이 논리적으로 서로 무관한 두 개의 부분 즉, 중력 부분과 전자기 부분으로 되어 있다. 둘째로, 예전의 장 이론들과 마찬가지로 이 이론도 아직까지 물질의 원자 구조에 관한 설명을 해 주지 못하고 있다."

이것이 통일장(Unified Field)에 관한 아인슈타인의 견해이다. 하지만 아인슈타인은 논리적으로 통일된 장을 찾아내지 못한 채 세상을 떠났다. 한동안 어떤 사람들은 아인슈타인의 통일장에 관한 착상을 완전히 이해하지 못하고 전적으로 부정적인 평가를 했었다. 물론 어떤 미완성 이론에 대해 고개를 가로저으며 결국은 실패한 것으로 가정해 버리는 일은 결코 어렵지 않다. 하지만 문제는 어떤 이론을 어떻게 적절히 평가하느냐이다. 최근에는 입자 물리학의 발전에 힘입어 통일장에 대한 연구가 다시 한번 이론 분야의 주요 관심사가 되었다. 60년대로 돌아가서 이러한 일련의 과정들을 알아보도록 하겠다.

대통합 및 최초의 우주

60년대 말경에 사람들은 우주의 모든 물리적 현상이 '물질'과 '상호 작용'이라는 두 가지 부류로 나눌 수 있는 것으로 인식했다. 물질이란 쿼크나 전자, 중성미자 등과 같은 것을 말하고, 상호 작용은 중력과 전자기력 등을 포함한다. 현재의 우주에서 기본 상호 작용은 네 가지 형태로 분류되는데, 강도의 크기순으로 보면, 강입자(Hadron)들이 관계하는 강한 상호 작용, 전기적으로 대전된 입자들이 참여하는 전자기적 상호 작용, 강입자 및 경입자(Lepton)들이 함께 관여하는 약한 상호 작용, 그리고 이들 중 가장 약한 것으로서, 모든 입자들이 다 함께 참가하는 중력 상호 작용 등이다. 하지만 그때까지는 이러한 상호 작용들에 대한 이론은 각자 개별적으로 발전되었기 때문에, 이 이론들에 대한 상관관계가 결여되어 있었다. 이들 중, 강한 상호 작용에 대한 이론과 약한 상호 작용에 대한 이론이 가장 불만족스러운 것이었는데, 그 이유는 이들 이론에 바탕을 둔 많은 계산 결과가 무한대로 발산해 버리기 때문이다. 이러한 난점을 제거하기 위한 많은 시도가 이루어졌지만 모두 허사였다.

1960년대에는 상황이 다소 호전되었다. 와인버그(S. Weinberg), 살람(A. Salam), 글래쇼(S. Glashow) 등이 통합에 대해 다시 한번 관심을 갖게 된 것이다. 그들은 전자기적 상호 작용과 약한 상호 작용을 통합하는 이론을 각자 독립적으로 제안했는데, 이는 약-전자기(Weak-electro) 통합 이론으로 불리게 되었다. 이 통합 이론은 약한 상호 작용 영역에서 무한대 발산의 문제를 해결해 주었을 뿐만 아니라, 실험적인 많은 결과들과도 일치되는 성과를 얻었다.

이러한 성공에 고무되어 사람들은 강한 상호 작용을 약전자기 상호 작용에 통합시키는 더 큰 통합 이론을 추구하게 되는데, 이것이 일반적으로 일컫는 대통합 이론(Grand Unified Theory)이다. 현재 대통합 이론에 대한 여러 가지 기본 골격이 나와 있지만, 아직 어느 것이 유용한 것인지 결정할 수는 없다. 이론의 증명에서 어려운 점은 적절한 실험을 하기가 어렵다는 데 있다. 대통합 이론의 기본 개념에 의하면, 에너지의 증가에 따라 강한 상호 작용의 결합 강도(Coupling Strength)는 약해지고, 전자기적 상호 작용의 경우는 일정하게 남으며, 약한 상호 작용의 경우는 변화무쌍해진다. 이들 결합 강도가 모두 같아지는 경우는 오직 에너지가 약 10^{24} eV(약 10^{12} erg)일 때뿐이다.

10^{24} eV는 너무 터무니없이 높은 에너지여서 이런 높은 에너지를 가속

기를 통해 얻어내기란 상상도 할 수 없는 일이다. 오늘날의 가속기는 질량 중심계의 에너지를 약 10^{10}eV로 끌어올렸다. 우리의 다음 세대에 가서야 10^{12}eV 정도의 에너지를 기대할 수 있을지 모른다. 이 에너지는 와인버그-살람의 약-전자기 통합 이론을 시험해 보는 데는 큰 의미를 갖지만, 대통합을 위해서는 너무 빈약한 것이다.

그렇다면 어디에서 그처럼 막대한 에너지를 찾을 수 있다는 말인가?

아마 우리 우주의 대폭발 당시 최초 단계에 10^{24}eV 정도의 에너지가 있었을 것이고, 그때 입자들의 작용이 진행되었을 것이다. 따라서 최초 단계에 있던 우주, 즉 나이가 채 10^{-6}초도 안 되던 우주가 대통합 이론과 약-전자기 통합 이론에서 요구되는 높은 에너지의 입자 양상을 시험할 수 있는 '실험실'이 될 수 있을 것 같다. 이것이 바로 최근 들어서 입자 우주론이 빠르게 발전하는 이유이다.

입자 우주론의 발전에서 가장 재미있는 것 중 하나는 입자와 반입자(Antiparticle) 사이의 비대칭성(Asymmetry)에 관한 설명이다. 이 문제에 대해 진지하게 논의하는 것은 이 책의 주제에서 크게 벗어나기 때문에, 여기서는 오직 그 의미에 있어서 가장 일반적인 관련 사항만을 언급한다. 1928년에 디랙(Dirac)은 전자에 관한 상대성 양자 이론을 세웠고, 이것은 1932년에 양전자의 발견으로 인해 입증이 되었다. 그 후로 사람들은 우주에는 입자와 반입자가 함께 존재하며, 그 각각의 특성은 대칭적으로 반대이고, 우주에서 부존량도 대칭적이라고 믿게 되었다. 하지만 천문학적 관측 결과는 하나의 반론을 제기해 왔다. 입자와 반입자의 우주 비대칭성이라고 일컫듯이, 오늘날의 우주에는 입자의 수가 반입자의 수를 훨씬 능가하고 있다.

이러한 비대칭성의 근원에 대해서는 대통합 이론이 매우 자연스러운 설명을 해 줄 수 있다. 그 주된 이유는, 대통합 이론이 입자와 반입자 사이의 대칭을 깨는 하나의 과정을 예측하는데, 결과적으로 이 과정에 의해 입자와 반입자 간의 수적 불균형을 초래할 수도 있기 때문이다. 그러나 이러한 형태의 과정은 현재의 우주에서는 매우 하찮은 역할을 하는 것에 불과하고, 오직 몇몇 실험에서나 목격될 수 있는 것이다. 하지만 이러한 미미한 대칭성 파괴의 과정이 우주의 나이가 10^{-36}초도 안 되던 최초 단계에서는, 전체 우주에 영향을 주어 양성자의 수를 반양성자(Antiproton)의 수보다 더 많아지게 만들었을 수도 있다. 그러나 당시의 비대칭의 크기는 너무 작아 100만 분의 1 정도였다. 비대칭성의 영향이 점차 현저해진 것은 우주가 식었을 때뿐이다. 지구 및 전체 별세계는 대폭발 당시의 우주의 불덩어리(Fire Ball)에서 남은 매우 적은 양의 '여분'의 입자들로 형성된 것이다.

이러한 설명이 충분한 증거에 의해 확인된 것은 아니다. 그럼에도 불구하고 이러한 사고방식으로 설명을 해 보고 싶은 유혹을 떨쳐 버리기는 힘들다. 그도 그럴 것이, 뉴턴 이후로 자연에 관한 연구는 두 갈래로 나뉘게 되기 때문이다. 그중 하나는 그 크기의 규모가 늘 축소되어 가는 물질의 구조에 관한 분야이고, 다른 하나는 그 영역의 규모가 늘 확대되어 가는 우주의 현상에 관한 것이다. 그러나 이제는 우주 진화의 최초 단계에 대한 탐구가 물질 구조의 가장 깊은 곳의 연구와 만나기 시작했다.

이러한 추세를 따라 사람들은 더 나아가, 대통합 이론보다 더 종합적인 이론을 추구하고, 최초 단계보다 더 앞선 단계의 우주에 대해 탐구하기를 자연스럽게 기대하게 된다.

중력과 양자론

대통합 이후에 통합을 기다리고 있는 것은 당연히 중력 상호 작용이다. 중력은 가장 먼저 알려진 상호 작용이지만, 이의 통합에 대한 문제는 아주 단단한 호두와 같다고나 할 것이다. 한 가지 이유는, 중력 이론과 양자 이론이 아직 서로 조화를 이루지 못하고 있다는 것이다. 아인슈타인은 양자 이론에 대한 표준 해석의 논거에 대해 부정적인 자세를 가졌었다. 그는 중력 상호 작용과 기타 상호 작용들과의 통합을 통해 현재의 양자론을 대체할 수 있는 올바른 이론을 발견할 수 있을 것으로 믿었다. 하지만 이러한 전망이 낙관적인 것으로 입증되지는 않았다. 오히려, 성공적인 통합론들이 양자장 이론(Quantum-field Theory)의 골격 내에서 이루어져 왔다. 따라서 이제는 일반적으로, 중력 이론과 양자론의 관계에 관한 한 아인슈타인의 견해는 전도되어야 한다고 즉, 양자론에 부합되는 중력 이론을 찾은 후에야 마침내 통합이 이루어질 수 있다고 믿고 있다. 그러므로, 비록 우리의 일상 실험실에서 가용한 에너지 영역에서는 중력의 양자 효과가 아직 발견된 적이 없었을지라도, 양자론적 중력 이론의 탐구에는 그 추진력이 계속 유지되어 왔던 것이다.

하지만 이러한 연구에는 일련의 난점들이 존재해 왔다. 사람들은 그 난

점이 아마 기술적인 것이라기보다는 가장 기본적인 개념의 일부를 포함하는 것일 수 있다고 믿기 시작했다. 예를 들면, 중력에 관한 양자론에서 에너지의 규모는 $10^{28}\,eV$의 차원이다. 에너지가 이 크기를 능가하게 되면, 시공간 자체가 물체의 연속적인 운동을 기술할 수 없게 되고, 분명하게 양자화된 상승과 낙하를 보이게 될 것이다. 따라서 이 에너지를 초과해서는 물질 구조의 더 깊은 심층에 관한 언급이 불가능하다. 다시 말해서, 중력에 관한 양자론은 물질 구조에 있어서 미시적인 한계점을 요구한다.

　중력에 관한 양자론에서 두 번째 기본적인 문제점은 인과 법칙과 관련되어 있다. 우리가 알고 있듯이, 고전 물리학에서는 주어진 입자의 위치와 운동량을 동시에 정확히 예측할 수 있는 반면에, 양자론에서는 불확정성 원리에 따라 이들 중 오직 하나만을 정확히 예측할 수가 있어서, 예측능이 반으로 줄어든다. 이는 인과 법칙의 약화를 가리킨다. 중력에 관한 양자론에서는 인과 법칙이 더욱 약화된다. 예를 들면, 블랙홀에 의한 양자 방사(Quantum Emission)에서 우리는 단지 임의의 입자 형태의 특정형(mode)에 대한 확률만을 예견할 수 있다. 하지만 블랙홀의 방사는 중력에 관한 양자론적인 효과는 아니다. 이 현상은 단지 반(半)고전적 반(半)양자적인 것으로 취급할 수 있으며, 이에 대해서는 곧 조금 더 언급될 것이다.

블랙홀 방사

　1970년에는 고전적 블랙홀 이론의 한 법칙이 증명되었는데, 그것은 진화 중인 블랙홀의 표면적은 감소될 수 없고 단지 증가만 한다는 것이다. 외부로부터 어떤 물질이나 복사물이 블랙홀에 떨어지면, 그에 따라 블랙홀의 사건의 지평선 표면적도 증가하게 된다. 두 개의 블랙홀이 충돌하여 하나가 될 때도, 궁극적으로는 사건의 지평선 표면적이 각각의 블랙홀 표면적의 합보다 크다. 블랙홀 내부로부터는 어떤 물질도 탈출해 나갈 수가 없고, 하나의 블랙홀이 두 개로 쪼개질 수도 없다. 따라서 블랙홀의 사건의 지평선 표면적은 단지 증가만 할 수 있다. 이것이 소위 면적 감소 불가의 법칙(Theorem of Undiminishable Area)이다.

블랙홀의 표면적이 절대로 감소될 수 없다는 것으로부터, 우리는 열역학적 과정에서 역시 감소될 수 없는 것인 엔트로피를 상기하게 된다. 고립된 계의 엔트로피는 시간이 지남에 따라 오직 증가(또는 일정)할 뿐이지 결코 감소하지 않는다.

후에 발견한 것이지만, 블랙홀의 표면적과 열역학적 엔트로피는 그 형태뿐만 아니라 본질적인 것에서도 서로 유사하다. 즉 블랙홀의 넓이는 블랙홀의 실제 엔트로피이다. 블랙홀의 온도에 관해서도 우리는 이 온도가 열역학에서의 온도와 같은 의미를 갖는다고 정의할 수 있다. 예를 들면, 같은 온도를 가진 두 물체 간에는 열적 평형이 유지된다.

우리가 알고 있듯이, 열적 평형은 일종의 정적 평형이다. 물체 A와 물체 B가 같은 온도로 평형 상태에 도달하게 되면 이들 사이에는 에너지 교환이 이루어질 수 있다. 그러나 임의의 시간 동안에 A에서 B로 흘러 들어간 에너지는 같은 시간 동안에 B에서 A로 흘러나오는 에너지와 그 양이 같아서, 결과적으로 A와 B의 온도는 변하지 않는다. 같은 방법으로, 만약 블랙홀과 어떤 물체가 임의의 온도에서 열적 평형에 이를 수 있다면, 단위 시간당 물체로부터 블랙홀로 흘러드는 열량은 블랙홀로부터 물체로 흘러나오는 열량과 같다. 하지만, 블랙홀에 관한 고전 이론에서는 블랙홀 내로부터 어떤 물질도 빠져나올 수가 없는 것으로 되어 있다. 이것이 열역학적으로 블랙홀을 취급하는 데 있어 하나의 모순이다.

1974년에 호킹(S. Hawking)이 이 모순을 해결했다. 요점은 양자론의 역할이 고려되어야 한다는 것이다. 양자론에 의하면, 진공이라고 해서 단순한 의미로 '텅 빈' 것이 아니라 물리적으로 풍부한 의미를 갖는다. 물리적 공간 전체는 '가상(virtual)' 입자들로 가득 차 있다. 이러한 '가상' 입자들의 역할은 그 물리적인 효과를 통해 입증할 수 있다. 정상적인 조건 아래

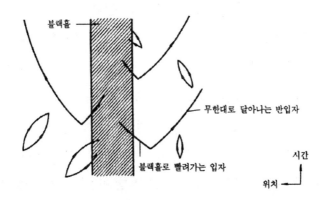

그림 12-1 ┃ 블랙홀 주변에서 입자와 반입자의 쌍 중 어느 하나가 블랙홀로 빨려들어 가면, 다른 하나는 짝을 잃게 되어 소멸될 수가 없게 된다. 이처럼 짝을 잃은 입자는 무한 거리로 달아날 수가 있는데, 이런 경우에 블랙홀이 마치 입자나 반입자를 발산하는 것처럼 보이게 된다

서 '가상' 입자들은 끊임없이 생성되고 소멸된다. 따라서 진공은 자동적으로 입자들이나 반입자들을 생산해 내지는 못한다. 하지만 중력장이 존재하면, 특히 블랙홀의 경우에는 상황이 달라진다. 이제 만약에 진공에서 생성된 전자와 양전자 한 쌍 중에서 어느 하나가 블랙홀로 떨어지면 다시는 빠져나올 수 없게 되고, 나머지 하나는 그 짝을 잃은 채 다시는 소멸할 수 없게 된다. 이처럼 외로워진 입자는 이내 블랙홀로 빨려 들어가거나 블랙홀의 주변으로부터 아예 벗어나게 되는데, 후자의 경우가 블랙홀에 의한 방사에 해당한다(그림 12-1). 이것이 블랙홀의 중력장에 의해 일어나는 진공 방사이며, 그 결과 블랙홀의 질량 감소가 일어난다.

블랙홀의 방사는 일종의 열적 방사이다. 즉 모든 블랙홀 방사 스펙트럼은 흑체 복사의 형태이다. 따라서 블랙홀이 그 계통상 어떤 물질로 이루어졌든, 이미 그 결론을 언급한 것처럼, 우리는 임의의 입자의 특정형에 대한 확률만을 예측할 수 있다. 그러나 이 이론은 오직 진공의 양자 변동(Fluctuation)에만 관련될 따름이다. 블랙홀의 중력장에 대해서는 역시 고전적 결과가 채택되어 왔다. 그러므로 이 이론은 전체적으로 반고전적 반양자적 역학이 된다.

초통합 및 특이성

비록 양자론적 중력 이론이 앞서 언급한 것처럼 많은 문제점을 가지고 있지만, 중력의 통합 및 양자화는 어쨌든 많이 진전되었다. 가장 전망 있는 방법은 일반 상대론을 초중력(Supergravity) 이론에까지 확장해 보는 것이다. 이러한 초통합(Superunification) 또는 초대칭(Supersymmetry) 이론이 시도하는 것은 모든 상호 작용을 하나로 묶는 일이다. 게다가 한 가지 매우 감탄할 만한 것은 이 이론이 고전적으로 물리학에서 '물질'과 '상호 작용'으로 구분 짓던 것을 거절한다는 점이다. 물리학에서 '물질' 입자들은 반(半)정수 스핀을 갖는 반면에 '상호 작용' 양자들은 정수 스핀을 갖게 되는데, 초대칭 이론에서는 반정수 스핀과 정수 스핀이 통합되어 있다. 더욱이 초중력 이론에서는 어떠한 추가적인 변수도 도입되지 않는다. 따라서 이 이론은 모든 물리적 입자들과 상호 작용들의 통합에서 완벽할 뿐만 아니라, 어떠한 종류의 무한 변수도 허용하지 않는다는 점에서도 완전하다.

그러나 우리가 어떤 완전한 이론을 얻었다고 해서 모든 것을 원칙적으로 다 알게 될 것이라고 생각해서는 안 된다. 완전성이 뜻하는 바는 모든 것이 다 알려졌다는 것보다는 오히려 무엇인가가 명백히 덜 알려졌다는 것을 뜻한다. 이것이 이론에서는 특이성(Singularity)이라고 하는 것이다.

거의 모든 이론에 특이성이 개입된다. 이른바 특이성이라는 것은 다름 아닌 어떤 '무리수'로서의 무한대이다. 예를 들면, 뉴턴의 중력 이론에서 중력 위치 에너지가 무한 우주에서는 무한대가 되어 버린다. 일반적으로 말해서, 무한대가 되는 곳에서는 그 이론을 더 이상 적용할 수가 없고, 더 합리적인 어떤 이론이 이를 대체해야만 한다. 사실 일반 상대론의 발전으로 인해 뉴턴의 중력 이론에 있는 일부 무한대를 제거할 수가 있었다. 이는 마치 우리가 더욱더 정확하고 더욱더 완벽한 이론들을 찾을수록 우리를 가로막는 특이성들은 더욱더 줄어들 것이라는 생각을 하게 한다. 하지만 사실은 그 반대인 것 같다.

일반 상대론이 뉴턴 이론의 특이성들을 제거는 했지만, 다른 일련의 특이성들을 가져다주었다. 블랙홀의 해답에도 특이성이 포함되어 있고, 우주론에도 특이성이 포함되어 있다. 중력 붕괴의 종말도 하나의 특이성이고, 우주 대폭발의 시작도 역시 하나의 특이성이다.

한동안 물리학자들은 앞에서 언급한 특이성들이 단순히 수학적 형식의 문제이며 실제로 피할 수 있는 것으로 믿었다. 만약 완전한 대칭성을 가진 기하학적 구조를 채택하지 않았다면, 특이성은 아마 생기지 않았을 것이다. 하지만 70년대 이후의 일련의 연구에서 입증된 바로는, 일반 상대론에서 특이성은 불가피한 것이며 우주의 진화 과정에서 그것은 당연히 나타나는 것이 되었다.

어떤 사람들은 심지어 중력에 관한 양자론이 이러한 특이성들을 제거해 줄지도 모른다고 기대한다. 여기서 중력의 양자화가 실로 기적을 일으킬지의 여부는 차치해 두기로 하자. 중력의 양자 효과는 이미 하나의 특이성을 의미하는 10^{28} eV의 한곗값을 설정했으며, 인과 관계를 '약화'시켜서 아예 무(無)로 만들어 버렸다.

이러한 최근의 발전은 이론 연구가 깊어져도 여전히 특이성은 남게 된다는 것을 시사해 준다. 더욱이, 이론이 더욱 완전에 가까워질수록 특이성의 불가피성과 이론의 한계성은 더 뚜렷해진다.

따라서 감히 추측하건대, 일단 초중력에 관한 예상된 완전한 통합 이론을 찾아내기만 한다면, 우주의 나이가 10^{-43}초도 채 안 되는 동안의 극단적인 최초의 단계—특이성 단계라고 불릴 수도 있는 —로 거슬러 올라갈 수 있게 된다. 그때는 우주에 오직 한 형태의 상호 작용 즉, '초중력'만이 존재했었다. 10^{-43}초의 시간이 지난 후에야 '위상 변환(Phase Transition)'으로 인해 오늘날 우리가 보게 되는 중력, 강한 상호 작용, 약한 상호 작용, 그리고 전자기 상호 작용 등이 차례로 출현하게 되었다. 따라서 대폭발의 바로 그 시작 단계는 하나의 특이점이며, 우리가 살고 있는 우주가 이런 방법으로 통합될 수만 있다면, 이러한 특이성이 바로 인류가 2천여 년 동안이나 찾아 헤매던 일렘(ylem)이 아닐까? 이러한 매혹적인 문제에 대해 우리는 단지 하나의 새로운, 그러나 최종적은 아닌 그러한 해답만을 기대할 수 있는 것 같다. 왜냐하면, 만약 그것이 정말 특이성이라면 우리는 그것에 대해 모든 것을 다 알 수는 없기 때문이다. 만약 우리가 그것에 대해 모든 것을 다 알게 된다면, 그것은 더 이상 특이성이 되지 못할 것이다.

도서목록
- 현대과학신서 -

도서목록
- BLUE BACKS -